Ablösung der Strömung in einer mit 400 Uml/min laufenden Kreiselpumpe, sichtbar gemacht durch plötzliche Anfärbung des eintretenden Wassers. Unternormale Wassermenge. Aufnahme mit rotierender Kamera, Belichtungszeit $^1/_{250}$ Sekunde. (Zur Abhandlung von Fischer, Seite 17).

Mitteilungen des Hydraulischen Instituts der Technischen Hochschule München

Herausgegeben vom Institutsvorstand

D. Thoma

Dr.-Ing., o. Professor

Heft 4

mit 128 Abbildungen

Verlag von R. Oldenbourg · München und Berlin 1931

Druck von R. Oldenbourg, München und Berlin

Vorwort.

Bei der Herausgabe des vorliegenden vierten Heftes der Mitteilungen muß vor allem der Notgemeinschaft der Deutschen Wissenschaft gedacht werden, welche für die Durchführung der Forschungsarbeiten namhafte Geldmittel zur Verfügung gestellt und so die nutzbringende Verwendung der umfangreichen Einrichtungen des Instituts ermöglicht hat. Der Notgemeinschaft sage ich zugleich im Namen meiner Mitarbeiter herzlichen Dank für die uns gewährte tatkräftige Unterstützung. Ebenso muß wärmstens gedankt werden den Firmen Friedrich Deckel in München und A. Ott in Kempten, die unsere Untersuchungen durch kostenlose Ausführung besonders schwieriger Werkstattarbeiten und durch kostenlose Herstellung und Überlassung von Instrumenten wirksam gefördert haben.

Der abschließende Bericht über die im letzten Heft in einer vorläufigen Mitteilung behandelte Untersuchung über den Einfluß der Zähigkeit des Wassers auf den Wirkungsgrad einer kleinen Francisturbine muß dem nächsten Heft der Mitteilungen vorbehalten bleiben. Auch die im Vorwort des letzten Heftes erwähnte Nachprüfung der Hailerschen Messungen an Überfällen konnte noch nicht abgeschlossen werden; der Bericht darüber soll im nächsten Heft erscheinen.

München, im Januar 1931.

D. Thoma.

Inhaltsverzeichnis.

Untersuchung der Strömung in einer Zentrifugal-Pumpe.

Von Dipl.-Ing. **Karl Fischer.**

A. Einleitung.

Die tatsächliche Leistungsaufnahme eines Kreiselrades ist wesentlich kleiner als die Leistungsaufnahme, die sich bei Annahme einer unendlich großen Schaufelzahl theoretisch ergibt. Die
Ursache der Leistungsverminderung ist in der ungleichen Druck- und Geschwindigkeitsverteilung
über einen Parallelkreis als Folge des „Kanalwirbels" zu suchen. Die heutigen Berechnungs-
methoden berücksichtigen zwar diese Erscheinung sowie die unmittelbar damit verknüpfte Verkleinerung des Abströmwinkels und erzielen durch Anwendung von Berichtigungsfaktoren eine
genügende Übereinstimmung mit der Wirklichkeit. Indessen ist es nicht möglich die Geschwindigkeitsdreiecke am Austritt, die für die erreichbaren Förderhöhen bestimmend sind, eindeutig
anzugeben. Die genaue Kenntnis der Strömungsverhältnisse insbesondere am Austritt ist aber
in mancher Hinsicht z. B. für den Entwurf des Leitrades erwünscht. Die Annahmen, die man
bei der Ermittlung des Strombildes machen muß, besonders die, daß die Laufradkanäle stets vollkommen mit aktiver Strömung gefüllt seien, führen zu irrtümlichen Anschauungen über den Strömungsverlauf, insbesondere bei geringeren Durchflußmengen, wie man am besten aus der nachfolgenden Arbeit erkennt. Zwar bestanden über die Unrichtigkeit der Annahme vollkommen
mit aktiver Strömung gefüllter Kanäle, nachdem man die Erscheinung der Totraumbildung an
Tragflügeln eingehend beobachtet hatte, keine Zweifel mehr. Man maß jedoch dieser Tatsache
hinsichtlich der Leistungsbeeinflussung geringere Bedeutung bei.

Theoretische Untersuchungen, inwieweit eine solche Beeinflussung durch Totraumbildung
stattfindet, bereiten größere Schwierigkeiten, da man über die Ausdehnung der Totwasserzonen
und ihrer Veränderlichkeit bei Änderung von $\dfrac{q}{\omega}$ (q = Durchflußmenge; ω = Winkelgeschwindigkeit) keinerlei Anhaltspunkte hat. Durch Anwendungen des Rotoskops (angegeben von D. Thoma)
wurden bei vorliegender Arbeit diese Erscheinungen experimentell untersucht.

B. Beschreibung der Versuchseinrichtung.

Die gestellte Aufgabe, die Strömungsvorgänge in einer Zentrifugalpumpe zu untersuchen,
bedingte, daß das Hauptaugenmerk bei der konstruktiven Durchbildung der Versuchspumpe
auf die Möglichkeit guter Beobachtung des Strömungsverlaufes gerichtet wurde.

1. Die Versuchspumpe (s. Schnittzeichnung Abb. 1).

Die Wasserführung unterscheidet sich wenig von der in der Praxis angewandten Ausführung,
jedoch mußte bei der Ausbildung der Lagerung und des Antriebs der Pumpe auf den besonderen
Verwendungszweck Bedacht genommen werden. Durch die aus Abb. 1 ersichtliche Lagerung des
Laufrades wurde erreicht, daß das Saugrohr feststehend angeordnet und außerdem die Beobachtung der Strömung nicht durch ein Außenlager gestört wurde. Wesentlich ist, daß das Laufrad vorne durch eine Glaswand abgeschlossen ist.

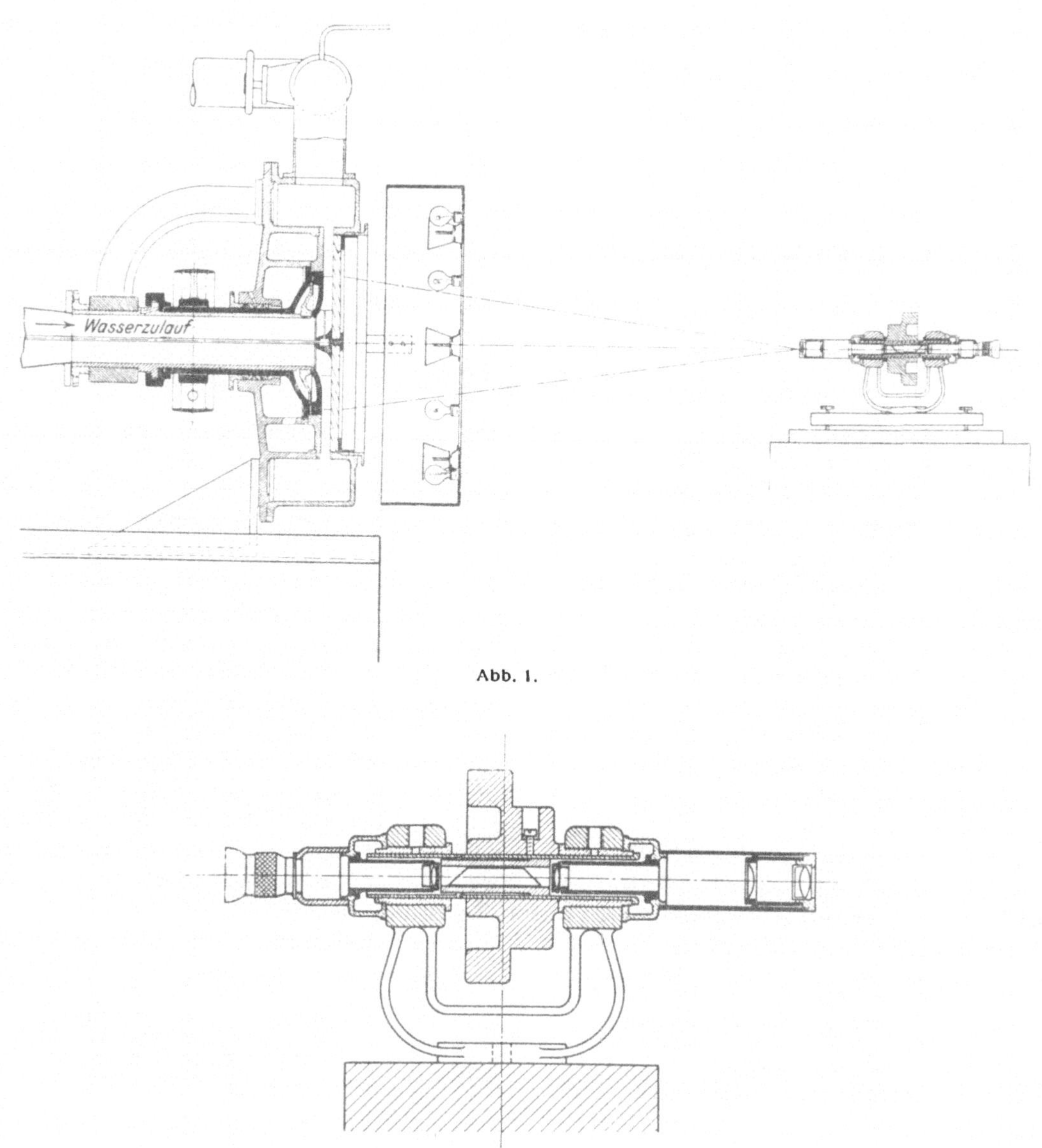

Abb. 1.

Abb. 2.

2. Das Laufrad.

Das Laufrad hat 6 Schaufeln, deren Form in üblicher Weise festgelegt wurde. Aus konstruktiven Gründen mußten die Schaufeln 8 mm stark ausgeführt werden. Die nachfolgende Zusammenstellung ergibt einen Überblick über die Hauptabmessungen des Laufrades, das für $n = 400$ U/min., $Q = 8,3$ l/s und $H = 1,65$ m entworfen wurde.

Abmessungen des Laufrades.

Einlaufbreite b_1 . . . . $b_1 = 0,0225$ m	Durchmesser des Zulaufrohres D_s . $D_s = 0,100$ m
Auslaufbreite b_2 . . . . $b_2 = 0,020$ m	Anzahl der Schaufeln . . . . . $z = 6$
Eintrittsdurchmesser D_1 . . . $D_1 = 0,140$ m	Eintrittswinkel . . . . $\beta_1 = 17^0$
Austrittsdurchmesser D_2 . . . $D_2 = 0,280$ m	Austrittswinkel . . . . $\beta_2 = 28^0$

Die Beleuchtung des Laufrades erfolgte durch 6 konzentrisch angeordnete 100-Watt-Lampen. Bei photographischen Aufnahmen wurden außerdem noch 6 Bogenlampen von je etwa 1000 Kerzen verwendet, so daß mit der Belichtungszeit bis auf $1/_{1000}$ s zurückgegangen werden konnte.

3. Gesamtanordnung.

Das aus einer Druckleitung entnommene Wasser wurde der Versuchspumpe über einen vorgeschalteten größeren Wasserbehälter, in welchem der Wasserstand durch Überfall stets auf gleicher Höhe gehalten wurde, zugeleitet. Die gesamte Versuchsanordnung ist aus den Abb. 1, 3 und 4 zu erkennen. Die Druck- und Wassermengenregelung erfolgte durch einen in der Druckleitung eingebauten Schieber. Von hier aus gelangte das Wasser in die im Unterkeller aufgestellte Waage,

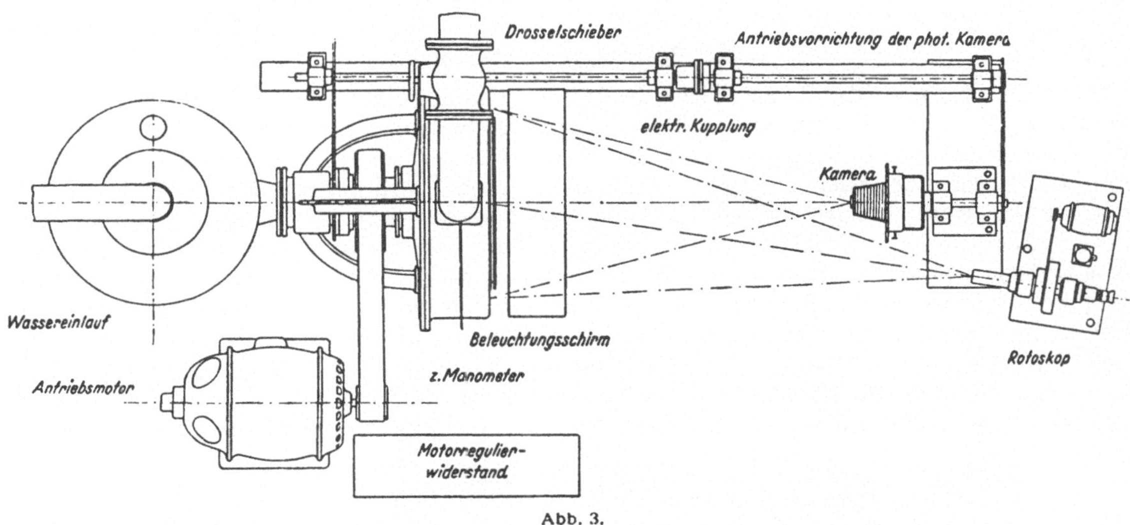

Abb. 3.

Abb. 4.

von wo aus es nach vollzogener Wägung ins Unterwasser abgelassen wurde. Die Versuchspumpe wurde durch einen Elektromotor mit veränderbarer Drehzahl angetrieben. Um den Einfluß der Zähigkeit, der bei den verhältnismäßig kleinen Abmessungen der Versuchspumpe stärker hervortritt als bei den meisten praktischen Anwendungen, auszuschalten, wurden die Drehzahlen so hoch wie es im Hinblick auf die Festigkeit der Glasplatte noch zulässig erschien, gewählt (— 450 Touren/min). Die Reynolds'sche Zahl wird bei praktischen Anwendungen allerdings oft noch größer sein; bei normaler Wassermenge und $n = 450/\text{min}$ war die auf den hydraulischen Radius am Eintritt bzw. Austritt der Laufradkanäle bezogene Reynoldssche Zahl bei der Versuchspumpe aber immerhin schon 164000 bzw. 108000, so daß grundsätzliche Änderungen der Strömung bei größeren Ausführungen nicht zu erwarten sind.

Die Förderhöhe wurde durch ein Quecksilbermanometer gemessen.

4. Zur Beobachtung der Strömung

während des Betriebes der Pumpe diente das in Abb. 1 und 4 dargestellte Rotoskop. Das Rotoskop[1]) beruht auf der Erscheinung, daß das Spiegelbild eines ruhenden Gegenstandes sich dreht, wenn die Spiegelungsebene gedreht wird. Deswegen ist es möglich einen rotierenden Gegenstand ruhend erscheinen zu lassen, wenn der Gegenstand gespiegelt wird um eine Ebene, die durch die mit der Drehachse zusammenfallende Blicklinie geht und mit der halben Winkelgeschwindigkeit des Laufrades ·um die Blicklinie rotiert. Die Spiegelung wird hier durch ein sogenanntes Dovesches Prisma bewirkt. Das Rotoskop, das im Abstande von 1,2 bis 1,5 m vom Pumpenlaufrad aufgestellt war, wird durch Bandtrieb von einem kleinen Elektromotor angetrieben; zur Aufnahme kleiner Unregelmäßigkeiten des Antriebs dient eine Schwungscheibe. Die Drehzahl wird durch Vorschaltwiderstand und Bremsen des Schwungrades mit der Hand auf die halbe Pumpendrehzahl eingestellt. Das Rotoskop liefert ein vollständig ruhiges Bild nur dann, wenn es gleichachsig mit der Pumpe aufgestellt ist. Bei manchen Versuchen war jedoch an Stelle des Rotoskops eine

Abb. 5.

---

[1]) D. Thoma, „Die Versuchsanstalt für Wasserturbinen in Gotha". Gotha 1918. Verlag Engelhardt-Reyher.

mit der Pumpendrehzahl umlaufende photographische Kamera in der Verlängerung der Pumpen-
mitte so angeordnet, daß ihre optische Achse mit der Pumpenwelle fluchtete. Die Kamera wurde

Abb. 6.

durch Ketten und eine Vorgelege-
welle von der Pumpe angetrieben.
Der Verschluß wurde während des
Betriebes ausgelöst. Eine zwischen-
geschaltete elektrisch betätigte Rei-
bungskupplung gestattete das Ein-
und Ausschalten des photographischen Apparates (Unterbrechung der
Rotationsbewegung), ohne den Gang
der Pumpe aussetzen zu müssen
(Abb. 6). Bei den Aufnahmen wurde
aber gleichzeitig auch das Rotoskop
benützt. Es ist nämlich nicht unter
allen Umständen notwendig, daß

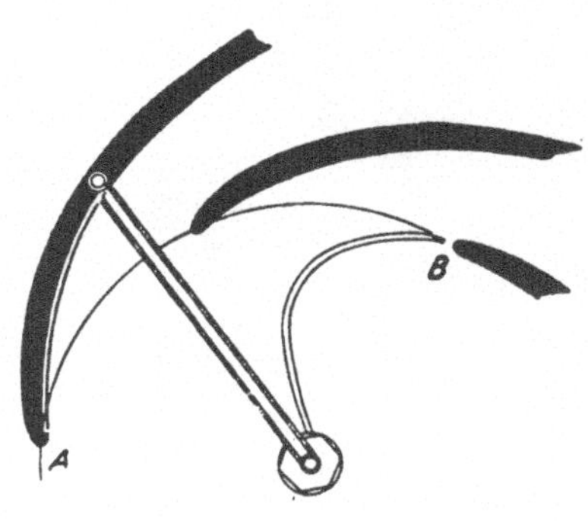

Abb. 8.

Pumpenachse und Rotoskopachse in einer Linie zusammenfallen. Auch dann, wenn beide sich unter einem nicht allzu großen Winkel schneiden, ist eine für manche Zwecke noch genügend gute Beobachtung möglich, sofern dieser Schnittpunkt mit dem Laufradmittelpunkt zusammenfällt (Abb. 7). Diese gleichzeitige Anwendung von Kamera und Rotoskop bietet den großen Vorteil, daß der für die Aufnahme gewünschte Strömungszustand genau abgewartet werden kann.

Die Strömung wird durch Einführung von Farbstoff (Azosäure rot und Nigrosin gemischt) an verschiedenen Stellen sichtbar gemacht. Die Farbaustrittsstellen sind in den Abbildungen mit *A*, *B* und *C* bezeichnet. Die Farbe wurde zentral durch ein in der Pumpenachse verlegtes 5 mm starkes Messingrohr (rotierend) zugeführt (s. Abb. 1). Um etwaige Störungen, hervorgerufen durch die endliche Dicke der Farbröhrchen (2 mm stark) zu vermeiden, wurde eine Schaufel mit drei Bohrungen (0,5 mm Dmr.) versehen, denen der Farbstoff durch eine abgedeckte Nut in der Schaufel zugeführt wird (Abb. 8). Die Ausströmgeschwindigkeit wurde durch entsprechende Wahl der Höhenlage des Farbstoffbehälters klein gehalten, um eine Fälschung des Strömungsbildes durch große Eintrittsgeschwindigkeit der Farblösung zu vermeiden.

C. Versuchsergebnisse.

Vorbemerkung. Nach den Untersuchungen, die Oertli im Laboratorium der Eidgen. Hochschule Zürich durchgeführt hat[1]), ist die Strömung durch ein Kreiselrad nicht vollkommen zweidimensional, jedoch konnte Oertli feststellen, daß, bei nicht zu großen Abweichungen von normalen Betriebsverhältnissen, die Gesamtströmung im Laufrad durch den Verlauf der Stromfäden in der mittleren Durchflußebene hinreichend gekennzeichnet ist. Deswegen wurden die Farbausströmungen in der Mitte der Schaufeln angebracht.

1. Zuströmung zum Laufrad.

Um über die der Berechnung eines Kreiselrades zugrunde liegende Annahme senkrechter Zuströmung Aufschluß zu erhalten, mußte die Absolutströmung beobachtet werden. Es war somit bei diesen Versuchen nicht notwendig, Rotoskop und rotierende Kamera zu Hilfe zu nehmen. Die Beobachtung erfolgte vielmehr mit bloßem Auge, die photographischen Aufnahmen wurden mit feststehender Kamera gemacht. In den Abb. 9, 10, 11, 12 und 13 sind aus der Versuchsreihe für $n = 450/\text{min}$ fünf verschiedene Strömungszustände wiedergegeben. Die entsprechenden Aufnahmen aus der Versuchsreihe II ($n = 350/\text{min}$) ließen keine Unterschiede im Strömungsverlauf gegenüber den Strombildern bei $n = 450/\text{min}$ erkennen.

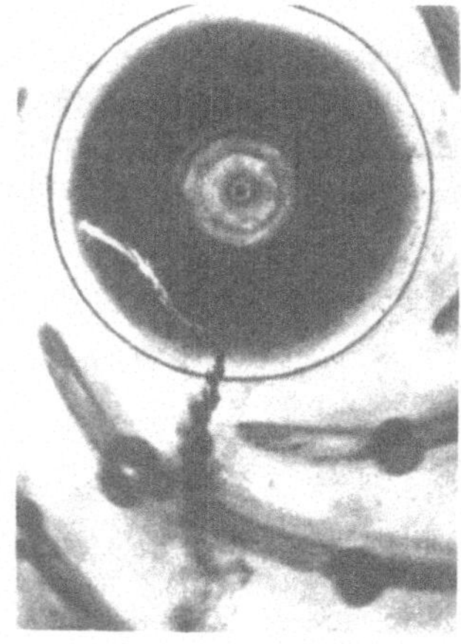

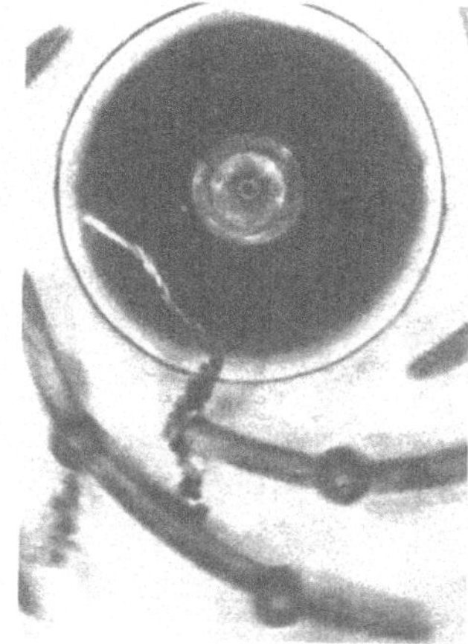
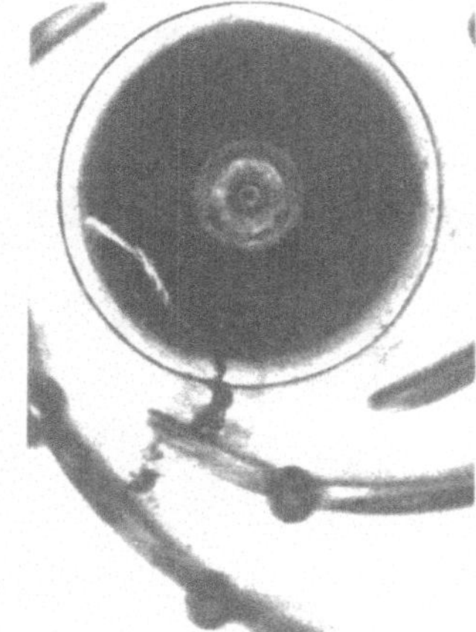

Abb. 9.   Abb. 10.   Abb. 11.

[1]) Oertli, Heinr., Untersuchung der Wasserströmung durch ein rotierendes Zellenkreiselrad.

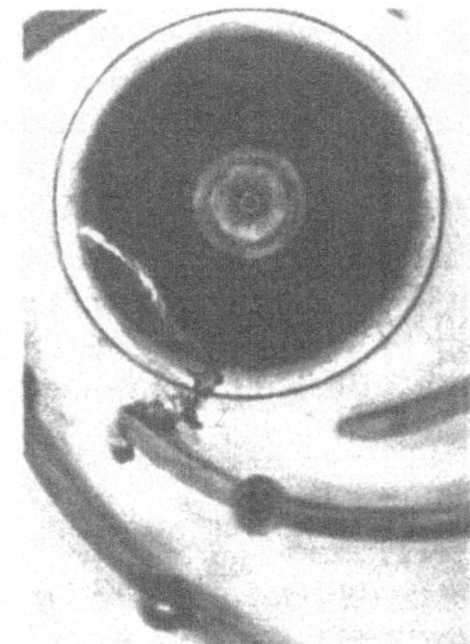

Abb. 12.

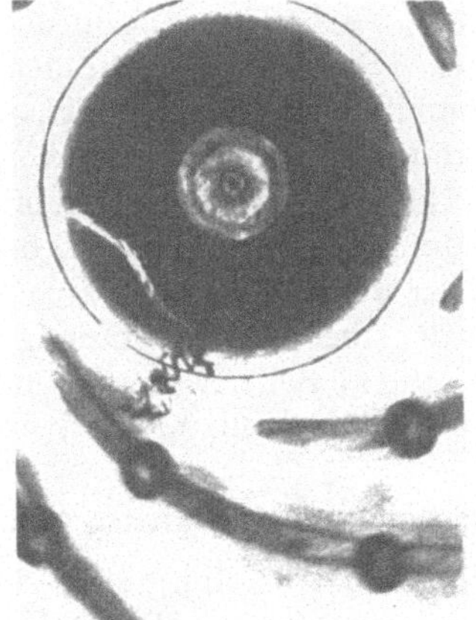

Abb. 13.

Abb.	n/min	Q lit/s	$\dfrac{Q}{Q\,\text{norm}}$	H (m)	Bemerkungen
9	450	14,81	1,58	0,752	Q übernormal
10	450	9,40	1,00	1,885	„ normal
11	450	5,74	0,61	2,351	„ unternormal
12	450	3,20	0,34	2,568	„ unternormal
13	450	1,85	0,20	2,589	„ unternormal

Aus den Abbildungen ist zu entnehmen, daß die Abweichungen vom senkrechten Zulauf sich innerhalb geringer Grenzen bewegen. Erst bei kleinen Wassermengen (Abb. 12 und 13) wird „Vorrotation" bemerkbar. Diese dürfte jedoch weniger durch Reibungswirkung, als vielmehr durch Rückströmungen aus den Laufradkanälen verursacht sein, die beim Sinken der gelieferten Wassermenge unterhalb einer bestimmten Grenze bei den später beschriebenen Versuchen sehr deutlich wahrgenommen wurden (s. Abb. 19). Vorgreifend kann gesagt werden, daß bei stark unternormalen Wassermengen in einigen Kanälen Rückströmung eintritt, daß die Strömung aber in Bezug auf das Laufrad nicht stationär ist. Die Stelle, an der Rückströmung besteht, wechselt. Das zurückströmende, mit Drehung behaftete Wasser mischt sich im Raume vor dem Eintritt mit dem Frischwasser und bringt es in Drehung. Der Mischvorgang zusammen mit den Unregelmäßigkeiten der Rückströmungen bewirkt eine sehr unregelmäßige Geschwindigkeitsverteilung, die auch aus der merkwürdig zerrissenen und verschlungenen Gestalt des Farbfadens (Abb. 12 und 13) erkennbar wird.

2. Verlauf der Strömung in den Laufradkanälen.

Allgemeines.

Eine Reihe von theoretischen Untersuchungen befaßt sich mit der Aufgabe, die Relativströmung in rotierenden Kanälen festzustellen. Bei der Lösung dieses Problems ging man meist so vor, daß man die Strömung in zwei Anteile zerlegte, in eine wirbelfreie Durchflußströmung und eine Strömung mit konstantem, der Winkelgeschwindigkeit des Laufrades entsprechenden Wirbel, aber ohne Durchfluß. Das Zusammenwirken beider ergibt die Gesamtströmung. Der große Vorteil einer solchen Zerlegung ist, daß sich die Änderung der Geschwindigkeitsverhältnisse bei Änderung der Durchflußmenge oder der Winkelgeschwindigkeit leicht erfassen läßt. Kucharski[1] ist es gelungen, allerdings unter Vernachlässigung der Reibung, eine strenge theoretische Lösung für ein rotierendes Kreiselrad einfachster Form mit geraden, radial bis zum Mittelpunkt reichenden Schaufeln

---

[1] Kucharsky, Strömungen einer reibungsfreien Flüssigkeit bei Rotation fester Körper. München und Berlin 1918.

von endlicher Länge zu finden. Die in der Praxis verwandten Laufradformen mit gekrümmten Kanälen, endlichen Schaufellängen, die den Eintrittskreis schneiden, setzen der mathematischen Lösung des Strombildes bedeutende Schwierigkeiten entgegen. In diesem Zusammenhang sei auf die Untersuchungen von Spannhake[1]) hingewiesen, die unter Zugrundelegung besonderer Verhältnisse mit Hilfe der konformen Abbildung durchgeführt wurden. Die in Wirklichkeit sich einstellenden Strömungen, insbesondere bei sehr geringen Wassermengen wiesen aber infolge der Reibung und der durch diese bewirkten Instabilitäten und Ablösungserscheinungen eine starke Abweichung von der theoretischen Lösung auf. Bei den hier beschriebenen Beobachtungen ergab sich, daß in keinem Falle, weder bei normaler noch bei über- und unternormaler Wasserlieferung die Kanäle vollkommen mit aktiver Strömung ausgefüllt waren.

Bestimmung der Grenze zwischen Totraum und aktiver Strömung.

Die verschiedenen Farbeinführungen zur Kenntlichmachung des Strömungsverlaufes wurden auf S. 12 eingehend beschrieben. Der größeren Genauigkeit wegen wurde bei den nachfolgenden Untersuchungen vorwiegend die in den Abbildungen mit A bezeichnete Farbausströmung heran-

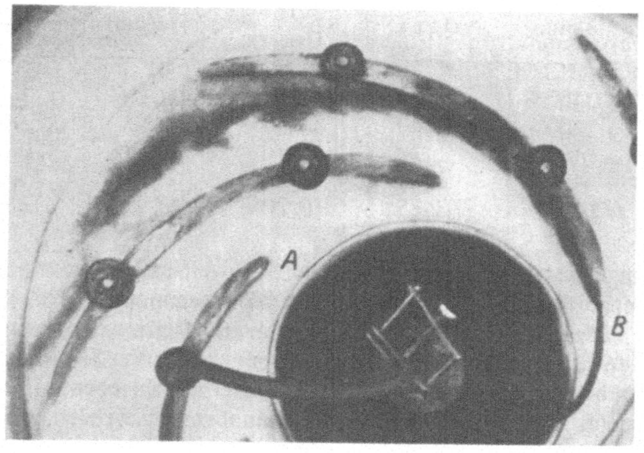

Abb. 14.

gezogen. Bei Beginn der Farbeinspritzung wird zunächst nur die von der Eintrittskante ausgehende Grenzschicht stark gefärbt, was aus der, kurze Zeit nach Beginn der Farbausströmung aufgenommenen Abb. 14 (Farbzuströmung bei B) gut erkennbar ist. Die Anfärbung des Totraumes ist noch wenig wahrnehmbar. Nach und nach sammelt sich aber die Farbe im Totraum an, so daß dieser schließlich als vollständig mit gefärbter Flüssigkeit erfüllter Raum sichtbar wird (vgl. z. B. Abb. 16). Abgesehen von kleinen und sehr kleinen Wassermengen scheint eine ziemlich scharfe Trennung stattzufinden. Hiemit soll jedoch nicht gesagt werden, daß ein Flüssigkeitsaustausch zwischen beiden Zonen überhaupt nicht eintritt. (Die Aufrechterhaltung der Wirbelbewegung erfordert einen Austausch.) Im allgemeinen ist jedoch der Anteil der Wasserförderung, welcher sich durch den Totraum vollzieht, verschwindend gering im Vergleich mit der Gesamtförderung.

Beschreibung der Strömung bei verschiedenen Wassermengenverhältnissen $\dfrac{Q}{Q\,\text{normal}}$.

Bei kleinen Wassermengen.

Unterschreitet das Verhältnis $\dfrac{Q}{Q\,\text{normal}}$ eine bestimmte Grenze, so treten zwei charakteristische Merkmale im Verlauf der Strömung auf:

---

[1]) **Spannhake**, Hydraulische Probleme, Mitteilungen des Instituts für Strömungsmaschinen der Technischen Hochschule Karlsruhe (Heft 1) 1930.

1. Die Strömung ist nicht mehr stationär (Auftreten wechselnder Rückströmungen).
2. Der Strömungszustand ist zu einem gegebenen Zeitpunkt in den einzelnen Laufradkanälen verschieden.

Es soll nun an einigen Beispielen gezeigt werden, wie sich der Übergang von der stationären zur pulsierenden Strömung vollzieht.

In Abb. 15 sind die Strömungsverhältnisse bei:

$$n = 252/\text{min}; \quad Q = 2{,}46 \text{ li/sec};$$

$$\frac{Q}{Q\,\text{normal}} = 0{,}47; \quad H = 0{,}75 \text{ m}$$

Abb. 15.

dargestellt. (Zeichnerische Wiedergabe der im Rotoskop beobachteten Relativströmung.) Eine Verschiedenheit der Strömungszustände in den einzelnen Laufradkanälen konnte bei dieser Wassermenge nicht festgestellt werden. Jedoch war mehr als die Hälfte der Kanäle von Totwasser erfüllt. Die aktive Zone bestand nur aus einem ziemlich schmalen Streifen, der sich eng an die Druckseite der Schaufel anschmiegte. Im Totwasserraum herrschte lebhafte Wirbelbewegung.

Abb. 16 gibt das auf photographischem Wege gewonnene Strömungsbild für $n = 250/\text{min}$;

$$Q = 2{,}79 \text{ l/s}; \quad \frac{Q}{Q\,\text{normal}} = 0{,}53; \quad H = 0{,}77 \text{ m wieder.}$$

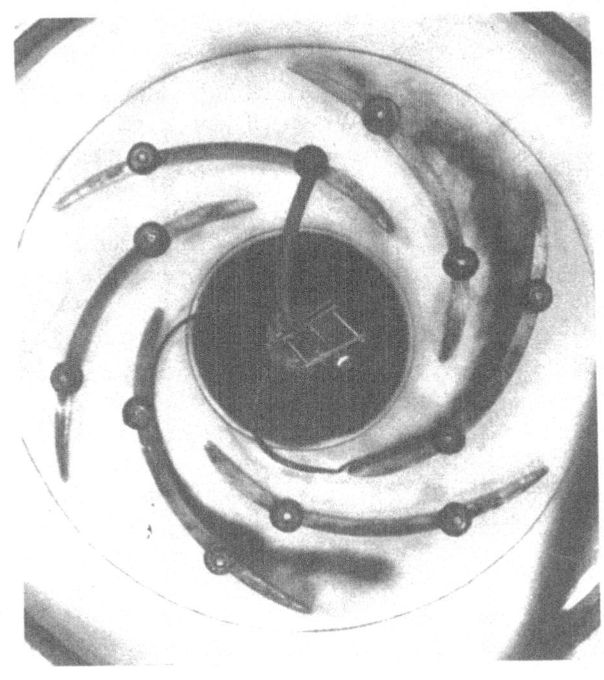

Abb. 16.

Abb. 17. Die Wasserleistung wurde auf

$$1{,}038 \text{ l/s} \left[\frac{Q}{Q\,\text{normal}} = 0{,}206; \quad n = 240/\text{min}; \quad H = 0{,}79 \text{ m})\right]$$

vermindert. Dieser Zustand ist gekennzeichnet durch ziemlich regelmäßig wiederkehrende Pulsationen (Periode etwa 1,5 s). Auch die Zuströmung zu den Laufradkanälen ist nicht mehr regelmäßig. Den Ausgangspunkt dieser Störungen bilden zweifellos die Laufradschaufeln. Die Laufradkanäle sind nun fast vollkommen mit Totwasser erfüllt, das periodisch hin- und herpendelt. Das Vor- und Rückwärtsströmen erfolgt in den Kanälen nicht gleichzeitig, sondern während in

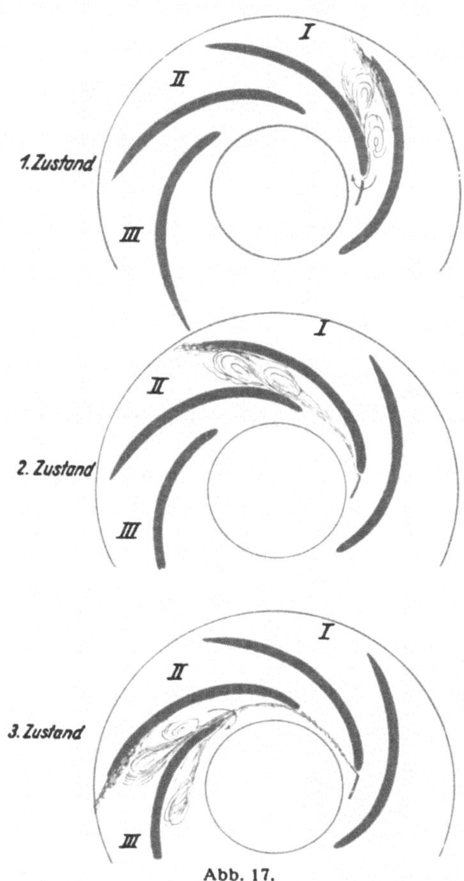

Abb. 17.

einzelnen Kanälen das Wasser vorwärts strömt, besteht in anderen Kanälen eine rückläufige Bewegung. Beim Zurückströmen überschreitet ein Teil des Kanalinhaltes wieder den Eintrittskreis und gelangt damit in den nächsten oder in den übernächsten Kanal. Die Wasserteilchen des Nutzwasserstromes werden wahrscheinlich ruckweise bei den einzelnen Perioden durch die Laufradkanäle gefördert.

Der genaue Vorgang innerhalb einer Periode soll an Hand der Abb. 17 ($Q = 1{,}038$ l/s; $n = 240$/mim; $\frac{Q}{Q\,\text{normal}} = 0{,}206$; $H = 0{,}79$ m) beschrieben werdem. Der Farbstrahl tritt (Beginn der Periode) bei Punkt B aus und verläuft längs der Druckseite (Abb. 17, 1. Zust.) in Kanal I eine kurze Strecke gut angeschmiegt, um dann unter allmählicher Loslösung von der Schaufelwand Wirbel zu bilden, die die ganze Breite des Kanals I ausfüllen. Die Zeit, während welcher der Farbstrahl in diesen Kanal eintritt, beträgt nur einen geringen Bruchteil einer Sekunde. Die Farbwirbel halten sich aber verhältnismäßig lange im Kanal und pulsieren hin und her. An der Stelle a der Schaufel findet allmähliches Losreißen der gefärbten Wasserteilchen statt. Inzwischen hat sich in Kanal II der Hauptstrom gebildet (Abb. 17, 2. Zust.) umgefähr $\frac{1}{3}$ bis $\frac{1}{4}$ s nach Beginn der Periode. Der Farbstrahl verläuft wie eingezeichnet und bildet Wirbel, die nahezu den ganzen Kanal ausfüllen. Auch diese Wirbel pulsieren hin und her, während gleichzeitig an der Schaufelspitze bei b Losreißen von gefärbten Wasserteilchen zu beobachten war. Das Ende der Vorwärtsströmung im Kanal II wird angezeigt durch plötzlichen Einlauf des Farbstrahles im Kanal II (Abb. 17, 3. Zust.), wobei die gleichen Erscheinungen festgestellt werden konnten, wie kurze Zeiit früher in den Kanälen II und I. Hiermit ist eine Periode abgeschlossen. Auf 5 bis 7 Umdrehungen des Laufrades fällt eine Periode.

Abb. 18 u. 19. Die photographischen Aufnahmen bedürfen keiner weiteren Erklärung. Rückströmungen in den Kanälen I und IV sind gut erkennbar, ebenso Vorwärtsströmen des

Wassers im Kanal III. Abb. 20 ($n = 243$ U/min; $Q = 0{,}133$ l/s; $\frac{Q}{Q\,\text{normal}} = 0{,}025$; $H = 0{,}812$ m). Die Unregelmäßigkeiten der Strömung treten deutlicher zu Tage, da sich das Hin- und Herpendeln lebhafter vollzieht und der Bereich, in welchem diese Bewegungen stattfinden, größer ist.

Im Anschluß an die Beschreibung der Strömungsverhältnisse bei verschiedenen unternormalen Wassermengen seien als Ergänzung noch einige photographische Aufnahmen gezeigt, die allerdings im Prinzip nichts Neues bringen. Bei diesen Aufnahmen wurde auf Anregung von D. Thomá ein anderes Färbungsverfahren angewandt. Durch Einbau eines Ventils in der Saugleitung der Versuchspumpe, dem der Farbstoff mit Überdruck zugeführt wurde, war es möglich, zeitweise das gesamte Förderwasser anzufärben. Bei Beginn des Versuches wurde die Pumpe mit klarem Wasser betrieben. Das Farbventil wurde erst kurze Zeit vor Auslösung des Verschlusses geöffnet. Bei den vorliegenden Strombildern (Abb. 21 und Titelbild) erscheint die aktive Strömung schwarz, während die Toträume auf der Saugseite der Schaufel noch mit klarem Wasser gefüllt sind.

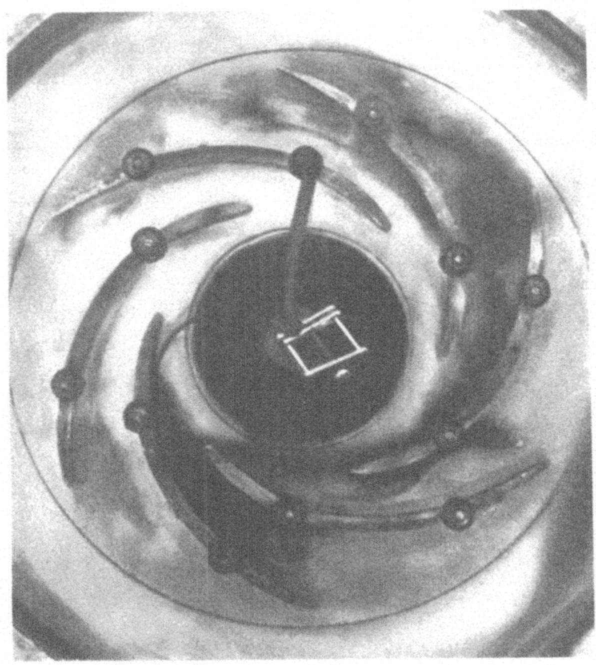

Abb. 18.

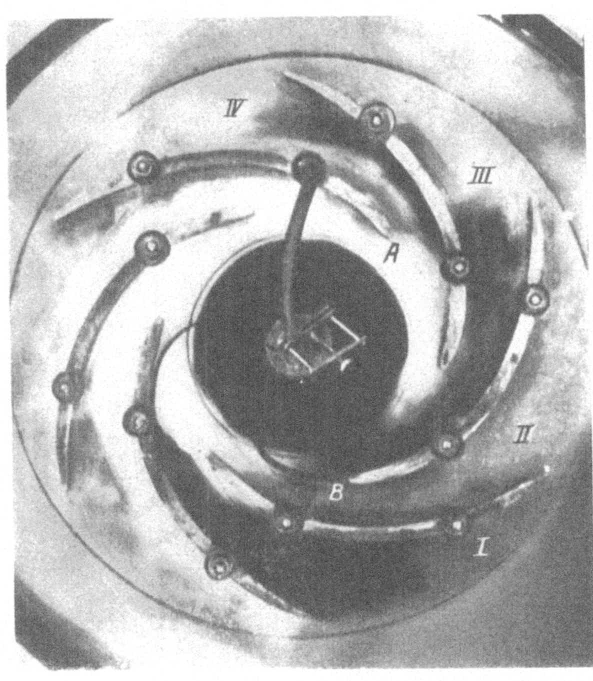

Abb. 19.

Bei größeren Wassermengen war die Anfärbung des gesamten Förderwassers für die Unterscheidung der beiden Zonen nicht recht brauchbar, da der gegenseitige Austausch von gefärbter und ungefärbter Flüssigkeit infolge lebhafter Durchwirbelung zu rasch erfolgte und somit keine günstigen photographischen Ergebnisse erreicht werden konnten. Bessere Erfolge wurden mit einer teilweisen Färbung des Förderwassers erzielt. Dieselbe wurde ermöglicht durch Einführung einer Trennungs-

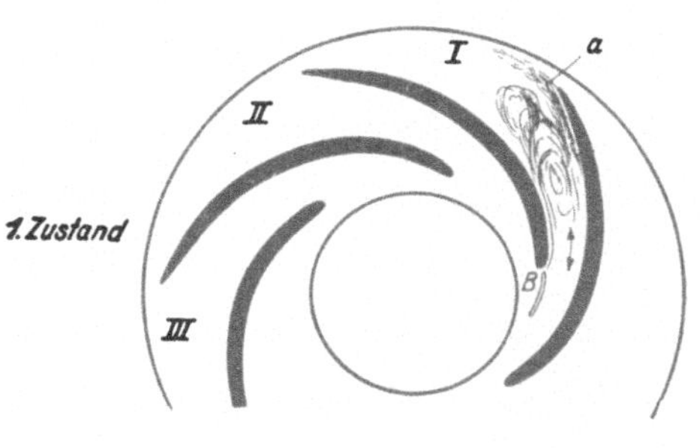

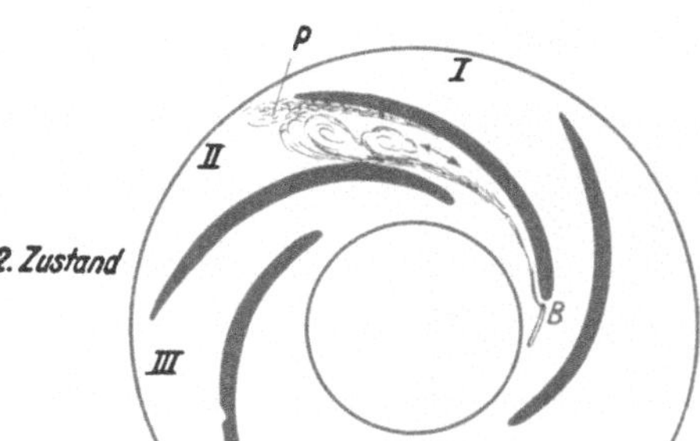

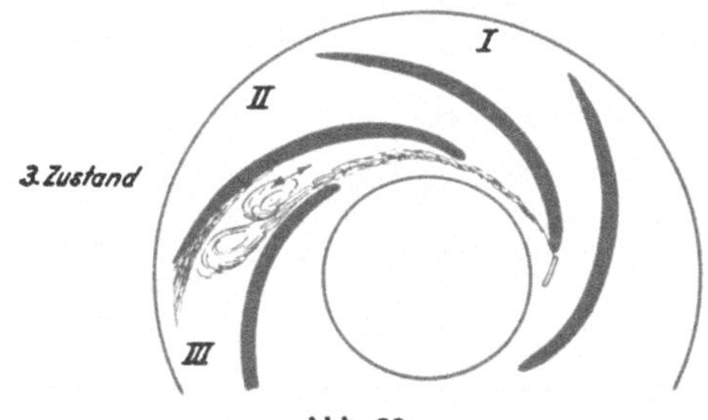

Abb. 20.

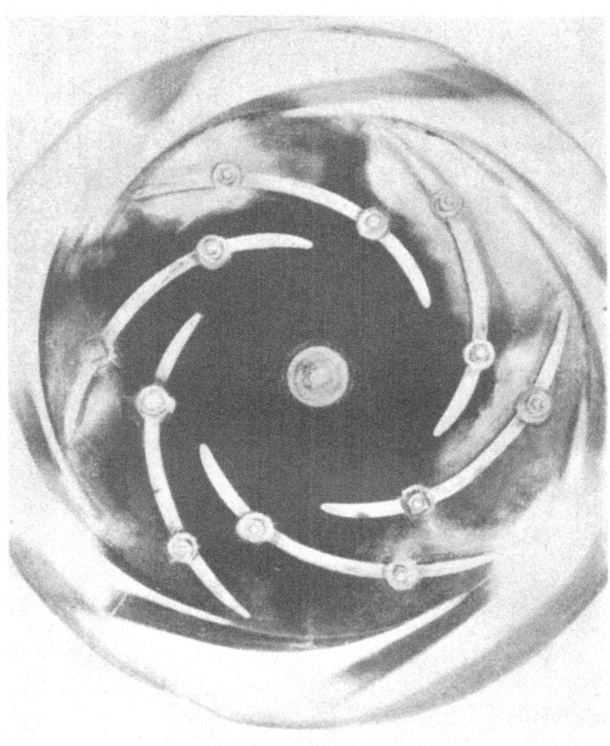

Abb. 21.

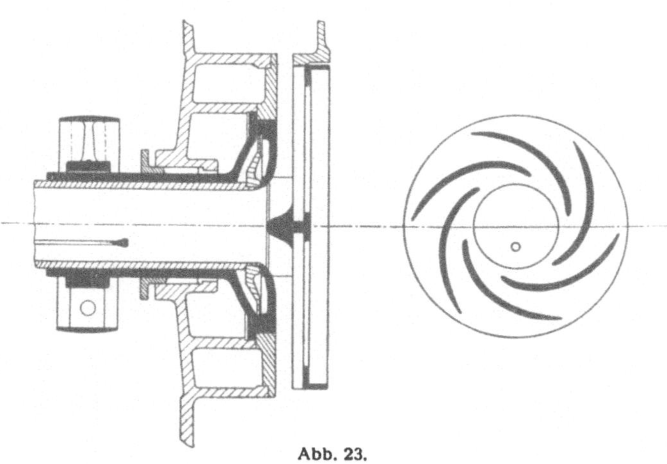

Abb. 23.

wand im Saugrohr der Pumpe, wobei das Farbventil sich in der aus Abb. 23 ersichtlichen Lage befand. Die Laufschaufeln kamen abwechslungsweise in ein Gebiet mit gefärbter und ungefärbter Flüssigkeit. Die Toträume zeichnen sich hier im oberen Teil des Bildes wieder als **schwarze** Felder ab (Abb. 24). $Q : Q$ normal $= 0,47$.

Abb. 24.

Strömung bei normaler Wassermenge $\dfrac{Q}{Q\,\text{normal}} = 1$)

Abb. 25 gibt die Strömungsverhältnisse bei $n = 400/\text{min}$; $Q = 8,86\ \text{l/s}$; $\dfrac{Q}{Q\,\text{normal}} = 1,05$; $H = 1,41\,\text{m}$ wieder. Die erste Voraussetzung einer hydraulisch günstigen Strömung — stoßfreier Eintritt — ist erfüllt, was aus der Spaltung des Farbfadens bei Punkt B gefolgert werden kann. (Die Mündung des

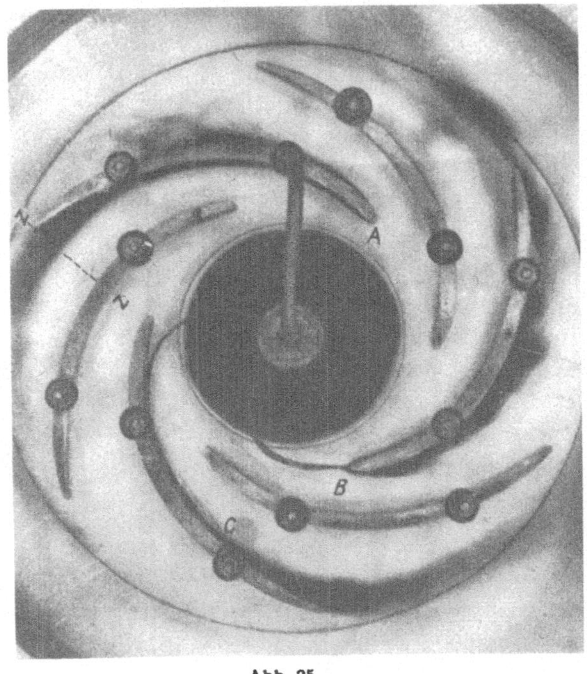

Abb. 25.

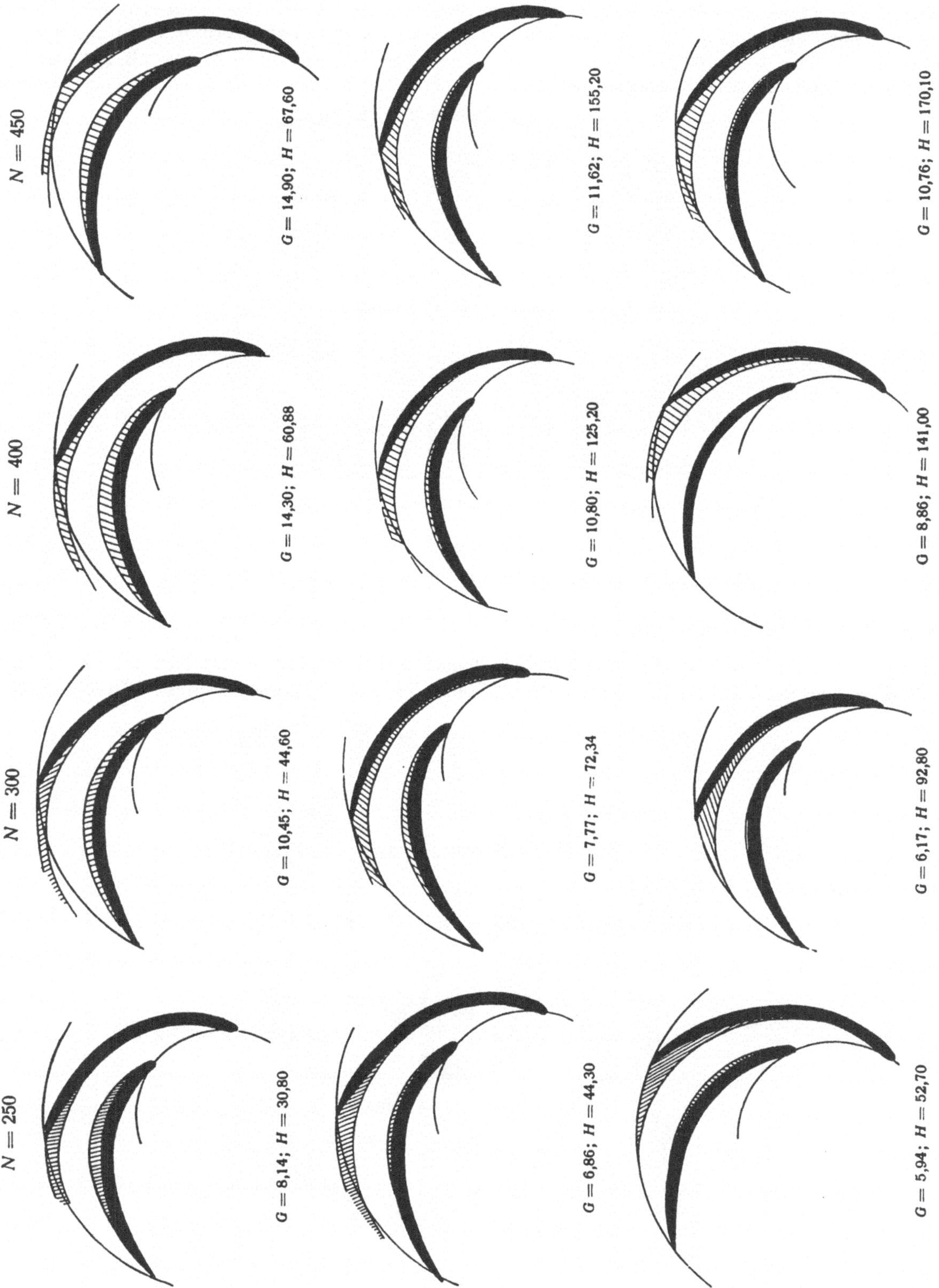

N = 450
G = 14,90; H = 67,60
G = 11,62; H = 155,20
G = 10,76; H = 170,10
N = 400
G = 14,30; H = 60,88
G = 10,80; H = 125,20
G = 8,86; H = 141,00
N = 300
G = 10,45; H = 44,60
G = 7,77; H = 72,34
G = 6,17; H = 92,80
N = 250
G = 8,14; H = 30,80
G = 6,86; H = 44,30
G = 5,94; H = 52,70

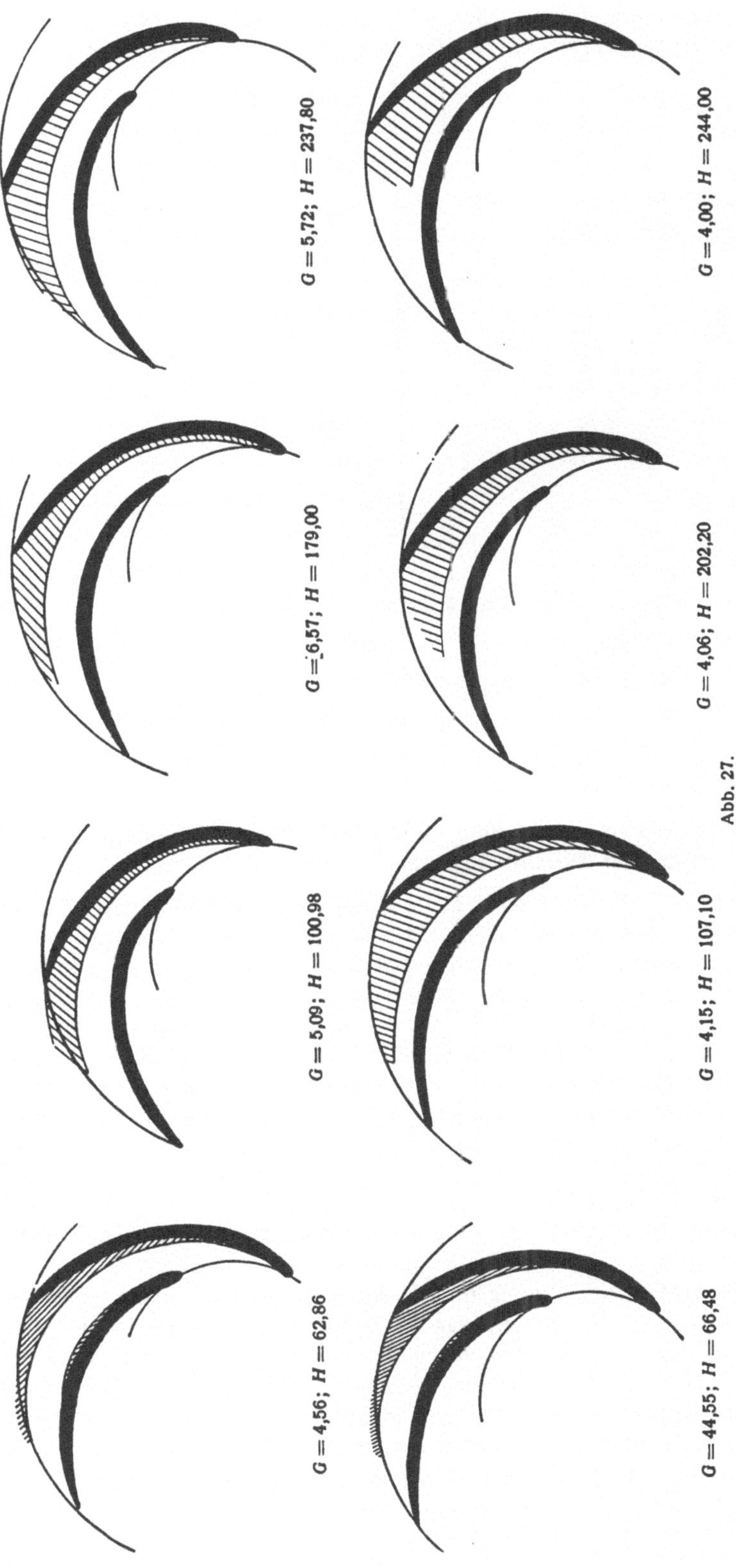

Farbröhrchens befand sich in der Verlängerung der Schaufelmittellinie.) Hingegen zeigt sich, daß die Strömung in den Laufradkanälen nicht ganz in der gewünschten Art verläuft. Der Saugseite der Schaufel haftet am Austritt ein Totwasserraum an, der die für die Durchströmung zur Verfügung stehende Fläche im Querschnitt Z—Z um etwa ⅓ vermindert und dadurch die Wassergeschwindigkeit um 50 % erhöht. Diese Totraumbildung bedingt ein Abströmen des Wassers unter einem Winkel der bedeutend kleiner ist, als der ausgeführte Schaufelaustrittswinkel (20,5° gegenüber 28°). Auf der Druckseite der Schaufel konnte kaum eine Ablösung festgestellt werden. Die Strömung schmiegt sich hier eng an die Schaufelwandung an.

Strömung bei übernormaler Wassermenge.

$$\left(n = 400/\text{min}; \; Q = 14,30 \; \text{l/s}; \right.$$

$$\frac{Q}{Q\,\text{normal}} = 1,71;$$

$$\left. H = 0,61 \; \text{m.} \right)$$

Abb. 26. Die Zuströmung zu den Laufradkanälen erfolgt unter einem Winkel, der größer als der ausgeführte Schaufeleintrittswinkel ist. Dies kann aus dem Verlauf des Farbstrahls (Austritt bei Punkt B) geschlossen werden. Der Saugseitentotraum am Austritt besitzt geringere Ausdehnung als bei Q normal (etwa ¼ der gesamten Durchtrittsfläche im Querschnitt Z—Z); aber auch in diesem Falle wird eine Verkleinerung des Abströmwinkels gegenüber dem ausgeführten Schaufelaustrittswinkel bewirkt. Recht bedeutende Ablösungserscheinungen sind dagegen auf der Druckseite der Schaufel zu erkennen.

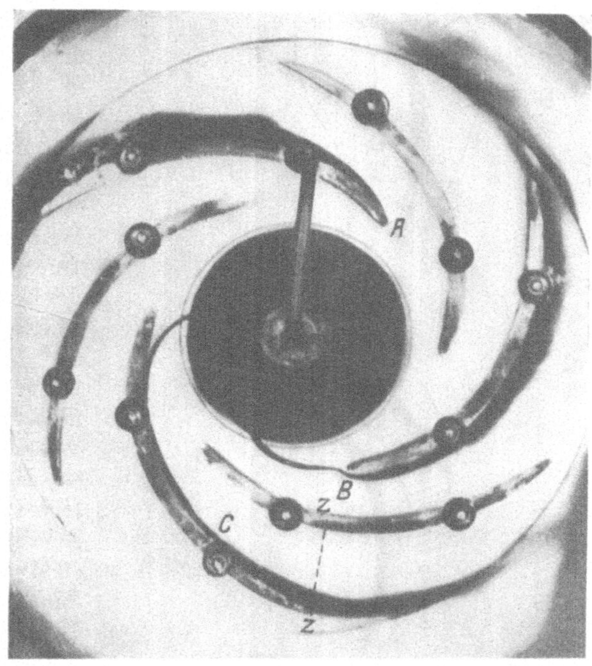

Abb. 26.

3. Beziehung zwischen den Totwasserräumen auf der Saug- und Druckseite der Schaufel bei Änderung der Durchflußmenge.

Die Ergebnisse der beiden letzten Abschnitte seien im folgenden kurz zusammengefaßt, um die Veränderungen des resultierenden Strombildes beim Übergang von einer Wassermenge zu einer anderen klarer hervortreten zu lassen. Die Beobachtungen zeigten, daß selbst bei übernormaler Wassermenge beim Austritt ein Totraum an der Saugsweite der Schaufel zur Ausbildung gelangt, der bei Verringerung der geförderten Wassermenge an Ausdehnung gewinnt. Hierbei schiebt sich der Loslösungspunkt mehr und mehr gegen die Eintrittskante vor. Auf der Druckseite der Schaufel zeigt sich die umgekehrte Erscheinung. Der Totraum, der bei übernormaler Wassermenge die größten Abmessungen besitzt, verringert sich, um bei normaler und unternormaler Wassermenge ganz zu verschwinden. Der für die aktive Strömung verbleibende Kanalquerschnitt wird von hier ab nur von der Ausdehnung des Saugseitentotraumes bestimmt. Der aktiven Strömung verbleibt bei geringen Wassermengen nur mehr ein schmaler Kanal, der entlang der Druckseite der Schaufel verläuft, eine Erscheinung, die bei der reibungsfreien Flüssigkeit nicht zu erwarten ist.

Um einen Überblick über die Größe, Ausdehnung und Veränderlichkeit der Totwasserräume, sowie über ihre gegenseitige Beziehung zu bekommen, war es erforderlich, auch die Strombilder der übrigen Drehzahlen zur Beurteilung heranzuziehen, wobei eine zeichnerische Übertragung als zweckmäßig erachtet wurde (Abb. 27). Die Trennungslinien zwischen aktiver Zone und Totwasserraum wurden aus den erhaltenen photographischen Aufnahmen ermittelt. Die Natur der Sache brachte es mit sich, daß eine genaue Abgrenzung beider Zonen nicht möglich ist. Insbesondere tritt bei kleinen Wassermengen eine stärkere Vermischung ein als bei größeren. Die in Abb. 27 zusammengefaßten Übertragungen für die vier verwendeten Drehzahlen lassen erkennen, daß die Begrenzungsflächen zwischen aktiver Strömung und den Totwasserräumen auf Saug- und Druckseite der Schaufel bei allen Fördermengen (ausgenommen sind sehr geringe Wassermengen) nur sehr schwach divergieren. Mit anderen Worten: der für die aktive Strömung verbleibende Kanal besitzt zwischen Ein- und Austrittsquerschnitt nahezu die gleiche Breite. Verschwindet der Totraum auf der Druckseite der Schaufel, so verläuft die Begrenzungsfläche ungefähr parallel zur Schaufel.

D. Vergleich der Strombilder einer reibungsfreien Flüssigkeit mit den erhaltenen Strombildern.

Da sich die resultierende Strömung bei reibungsfreier Flüssigkeit als aus zwei voneinander unabhängigen Einzelströmungen zusammengesetzt ansehen läßt (reine Rotationsströmung mit dem Kanalwirbel — ω und Durchflußströmung), so wird bei geringen Wassermengen $\dfrac{Q}{\omega} ==$ klein der Charakter der Gesamtströmung in der Hauptsache durch die Rotationsströmung bestimmt werden, während bei großen Liefermengen (übernormal) die Durchflußströmung ausschlaggebend sein wird.

1. Reine Rotationsströmung ($Q = 0$).

Für die reine Rotationsströmung ($Q = 0$) hat Kucharski für die bis zum Mittelpunkt reichende gerade Radialschaufel das in Abb. 28 wiedergegebene Strömungsbild errechnet. Bei Übertragung auf die vorliegenden Laufradverhältnisse dürfte sich das Strömungsbild der Abb. 29 ergeben (bei Betrieb mit einer reibungsfreien Flüssigkeit). Die Flüssigkeit kreist relativ zum Laufradkanal in geschlossenen Bahnen um einen ruhenden Kern. Ein Vergleich mit den in den Abb. 30 und 31 dargestellten Strömungszuständen zeigt, daß der Charakter der reinen Rotationsströmung durch das Vorhandensein von Reibung grundlegend verändert wird. Der negative Kanalwirbel ist in eine Reihe stets wechselnder Einzelwirbel aufgelöst, die in keiner Weise mehr das ursprüngliche Wesen des negativen Kanalwirbels erkennen lassen. Aus dieser Abweichung darf man allerdings keinen

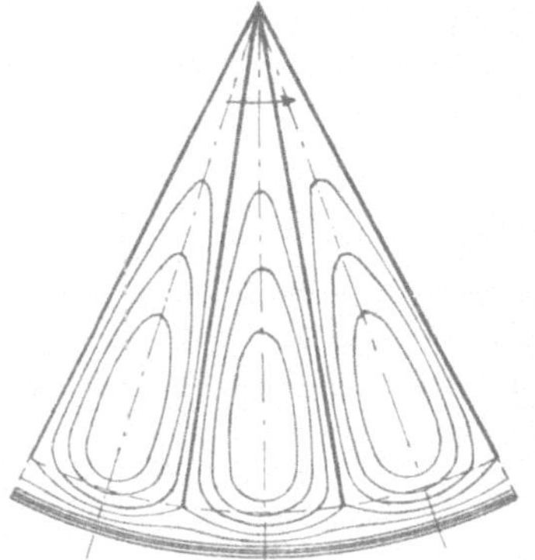

Abb. 28.

Abb. 29.

Abb. 30.

Vorwurf gegen die Theorie herleiten, denn es ist klar, daß bei fehlender Durchflußströmung — genauer gesagt bei sehr kleineren nur die Spaltverluste deckender Durchflußströmung — die Reibung maßgebenden Einfluß erhält. Höchstens unmittelbar nach dem Anlaufen dürfte man das theoretische Strömungsbild erwarten.

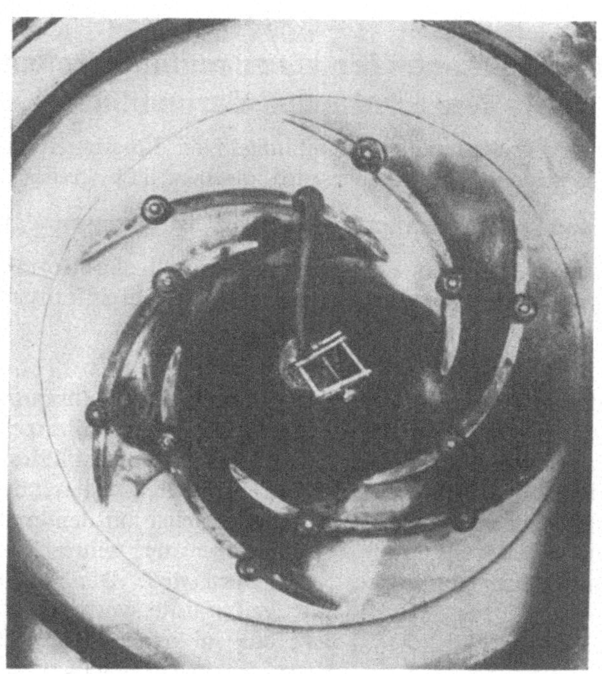

Abb. 31.

2. Strömung bei geringen Wassermengen.

Die von Kucharski durchgeführte theoretische Ermittlung des Strombildes einer reibungsfreien Flüssigkeit (Abb. 32) gibt einen Anhaltspunkt zur Einzeichnung der Stromlinien bei vorliegenden Laufradverhältnissen (Abb. 33).

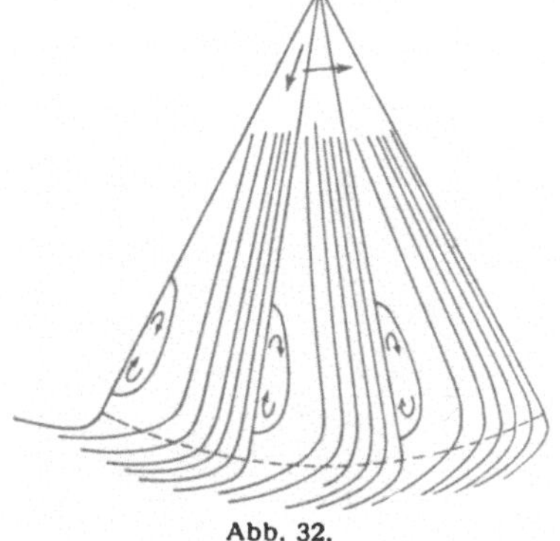

Abb. 32.

Abb. 33.

Beachtenswert ist die Absonderung eines Flüssigkeitskernes auf der Druckseite der Schaufel. Bei geringen Wassermengen $\left(\dfrac{Q}{Q\,\text{normal}} = \text{klein}\right)$ überwiegen die durch den Kanalwirbel bedingten Geschwindigkeiten die reine Durchflußgeschwindigkeit, so daß Rückströmungen auf der Druckseite der Schaufel zu erwarten sind, wo sich die Geschwindigkeiten subtrahieren. Hingegen tritt auf der Saugseite der Schaufel eine Erhöhung der Geschwindigkeit ein. Der Betrieb mit einer reibungsfreien Flüssigkeit bietet keinen Anlaß zu stets wechselnden, verschiedenen Strömungszuständen in den einzelnen Laufradkanälen, es wird sich vielmehr in allen Kanälen der gleiche Zustand einstellen, der für einen bestimmten Betriebsfall unverändert derselbe bleibt.

Für die Gegenüberstellung wurde das Strombild der Abb. 15 gewählt; denn einerseits ist hier die Liefermenge sicher soweit verringert, daß bei reibungsfreier Flüssigkeit Rückströmungen auf der Druckseite der Schaufel zu erwarten sind, andererseits sind die Unsicherheiten, die bei allzu geringen Wassermengen durch das Pulsieren der Strömung entstehen, beseitigt. Hier zeigt sich folgendes: Rückströmungen auf der Druckseite der Schaufel als Folge des negativen Kanalwirbels treten in Wirklichkeit nicht auf, vielmehr bildet sich ein beträchtlicher Totwasserraum auf der Saugseite der Schaufel aus.

E. Einfluß der Totraumbildung auf die erreichbare Förderhöhe.

Die Verminderung der Leistungsaufnahme eines ausgeführten Laufrades findet durch die geschilderten Vorgänge eine teilweise Erklärung.

Die Hauptgleichung ergibt unter der Annahme senkrechter Zuströmung und unter Voraussetzung unendlich vieler Schaufeln für die theoretische Förderhöhe (Abb. 34a)

$$H_{\text{th}} = \frac{1}{g} \cdot c_{2u} \cdot u_2.$$

In Abb. 34b ist das mittlere Geschwindigkeitsdreieck am Austritt dargestellt, wie es sich bei Annahme einer endlichen Schaufelzahl unter Heranziehung der Druck- und Geschwindigkeitsverteilung über einen Parallelkreis (vollkommene Ausfüllung der Kanäle mit aktiver Strömung vorausgesetzt) nach Angaben in der Literatur errechnen läßt[1]). Die Rechnung hat hier qualitativ

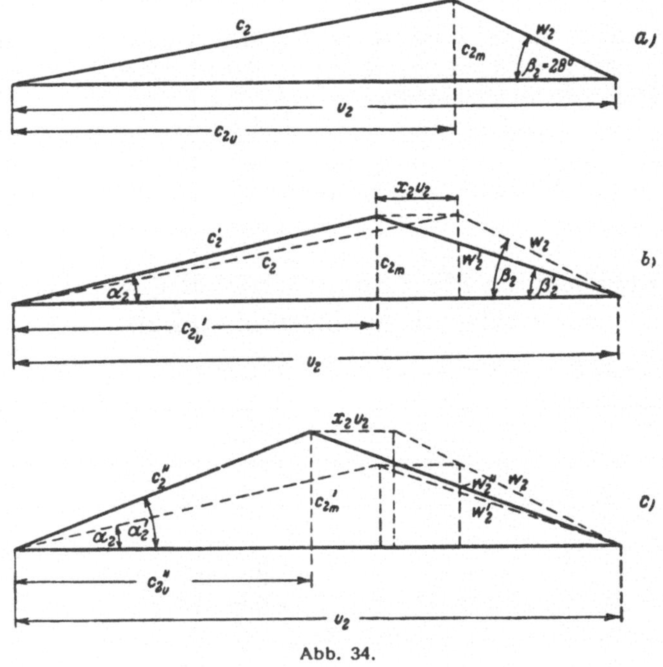

Abb. 34.

---

[1]) C. Pfleiderer, Die Kreiselpumpen, Berlin 1924, Seite 89 u. f.

ein richtiges Bild geliefert; die tatsächlich auftretenden Geschwindigkeiten auf Saug- und Druckseite der Schaufel können aus Abb. 35 ersehen werden. Die Farbfäden von Kanal A und B wurden in Kanal C eingezeichnet. Die Lage der Farbfäden zueinander gewährt einen Einblick in die Geschwindigkeitsverteilung des Laufrades. In gleicher Zeitspanne, in der das Teilchen P den Weg PP'' zurücklegt, gelangt das Wasserteilchen Q bis Q''. Dieser Weg ist viel kleiner und damit die größere

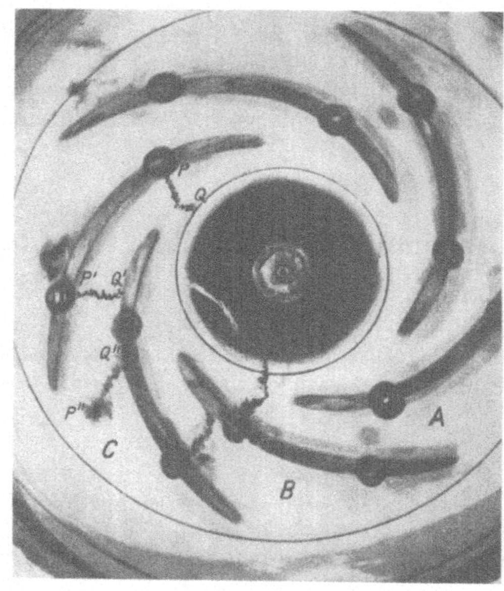

Abb. 35.

Geschwindigkeit auf der Saugseite der Schaufel erwiesen. Durch diese Erscheinung wird die mittlere relative Austrittsgeschwindigkeit vergrößert und der Abströmwinkel verkleinert; beides führt zu einer Verminderung der Leistungsaufnahme.

Die unvollkommene Ausfüllung der Laufradkanäle mit aktiver Strömung wirkt in demselben Sinne, sie bewirkt eine weitere Vergrößerung der mittleren relativen Austrittsgeschwindigkeit und eine nochmalige Herabminderung der Förderhöhe (s. Geschwindigkeitsdreieck Abb. 34c).

F. Einfluß der vergrößerten Meridiangeschwindigkeit $c_{2m'}$ auf die Größe des Leitschaufeleintrittswinkels.

Die Absolutbahnen der Wasserteilchen nach dem Austritt aus dem Laufrad sind unter der Voraussetzung gleichbleibender Breite der Kanäle theoretisch logarithmische Spiralen. Die Verschiedenartigkeit des Winkels α und α' geht aus Abb. 34 hervor. Die Tangente des Winkels α', unter welchem die Absolutbahnen gegen den Umfang geneigt sind, ergibt sich zu:

$$\operatorname{tg} \alpha' = \frac{c'_{2m}}{c_{2u}}.$$

Man erkennt, daß die durch die Totraumbildung bedingte Vergrößerung von c_{2m} auf c'_{2m} einen größeren Winkel α' erzeugt. Würde der Winkel α ausgeführt werden, so ergibt sich am Eintritt in das Leitrad für die aktive Strömung ein Stoß. Das Vorhandensein des Spaltraumes zwischen Laufrad und Leitapparat wird, da sich in diesem Teil ein gewisser Ausgleich vollziehen wird, eine Milderung des Eintrittsstoßes herbeiführen.

G. Einwirkung des Leitapparates auf die Relativströmung im Laufrad.

Die Anwesenheit eines Leitapparates beeinflußt auch die Strömung im Laufrad. Die Relativströmung im Laufrad verliert ihren stationären Charakter. Diese Erscheinung steht im Zusammenhang mit den — infolge Nichtbeachtung der Totraumbildung — zu klein ausgeführten Leitschaufeleintrittswinkeln. Die Abflußbedingungen sind zu einem gegebenen Augenblick für die einzelnen Stromröhren eines Kanals verschieden. An der Stelle *A* (Abb. 36) steht der Strömung nur ein geringer Raum für die Richtungsänderung zur Verfügung, so daß ein relativ stärkerer Stoß entsteht als bei *B*. Die aufgenommenen Strombilder lassen erkennen, daß die Anwesenheit eines Leitapparates unter Umständen die Ursache zu neuen Störungen sein kann. Die von verschiedenen Forschern[1]) gemachte Erfahrung, daß der Einbau eines Leitapparates nur bei sehr genau gewählten Leitschaufeleintrittswinkeln eine Verbesserung des Wirkungsgrades erbringt, findet hierdurch eine Erklärung.

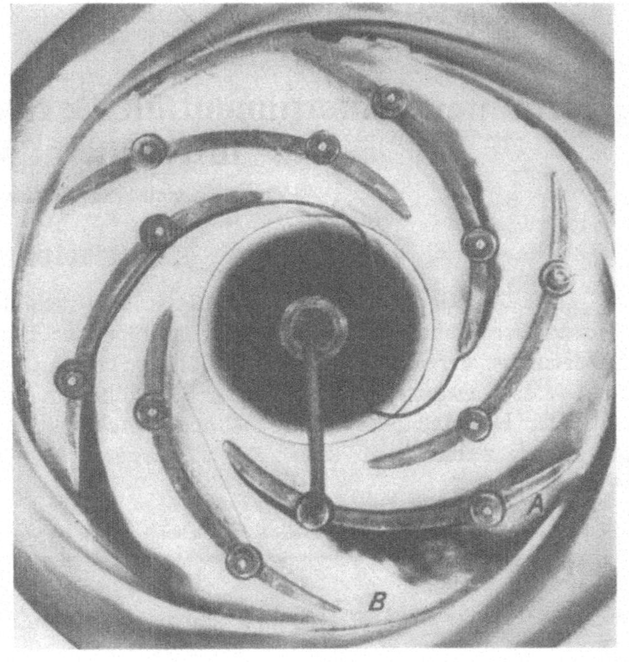

Abb. 36.

H. Zusammenfassung.

Die Untersuchung der Strömung in einer Kreiselpumpe ergab, daß die Strombilder der reibungsbehafteten Flüssigkeit grundlegend von jenen der reibungsfreien Flüssigkeit abweichen. Insbesondere bewirkt der der Saugseite anhaftende Totraum zweifellos eine Verkleinerung der theoretisch möglichen Förderhöhe.

Die Geschwindigkeitsverteilung über einen Parallelkreis erfährt ebenfalls durch die unvollkommene Ausfüllung der Kanäle eine bemerkenswerte Veränderung. Die Relativgeschwindigkeit auf der Druckseite der Schaufel, die bei vollkommener Ausfüllung der Kanäle mit aktiver Strömung schon bei verhältnismäßig geringer Unterschreitung der normalen Liefermenge sich wenig von Null unterscheiden würde, wird erhöht, so daß schnelle Rückströmungen auf der Druckseite der Schaufel auch bei kleineren Liefermengen nicht auftreten.

Weiterhin konnte festgestellt werden, daß die Strömung bei sehr kleinen Wassermengen nicht mehr stationär ist.

Die Zuströmung zum Laufrad kann für den für den Betrieb in Frage kommenden Bereich als radial angesehen werden.

Die Geschwindigkeitsdreiecke am Austritt erleiden durch die vergrößerte Meridiangeschwindigkeit eine bedeutsame Umgestaltung, was insbesondere für die Festlegung des Leitschaufeleintrittswinkels von Wichtigkeit sein dürfte.

---

[1]) Tokusaka Omori, Experimental Researches on Centrifugal Pumps.

Ein neues Instrument für Geschwindigkeitsmessungen in turbulentem Wasser.

Von **Gogulapati Gangadharan**, B. E., M. Sc.

Einleitung.

Das Ziel der vorliegenden Arbeit ist die Ausbildung eines Instrumentes zur Messung von Wassergeschwindigkeiten, das — bei genügender Empfindlichkeit und Genauigkeit — schnellen Änderungen der Geschwindigkeit zu folgen vermag und damit die Untersuchung der Einzelheiten der Wasserbewegung in turbulenten Strömungen ermöglicht. Die Arbeit zerfällt in zwei Teile.

Der Hauptteil der Arbeit behandelt das Instrument selbst und seine theoretischen Grundlagen, im zweiten wird dann über Messungsergebnisse mit diesem Instrument in turbulentem Wasser berichtet.

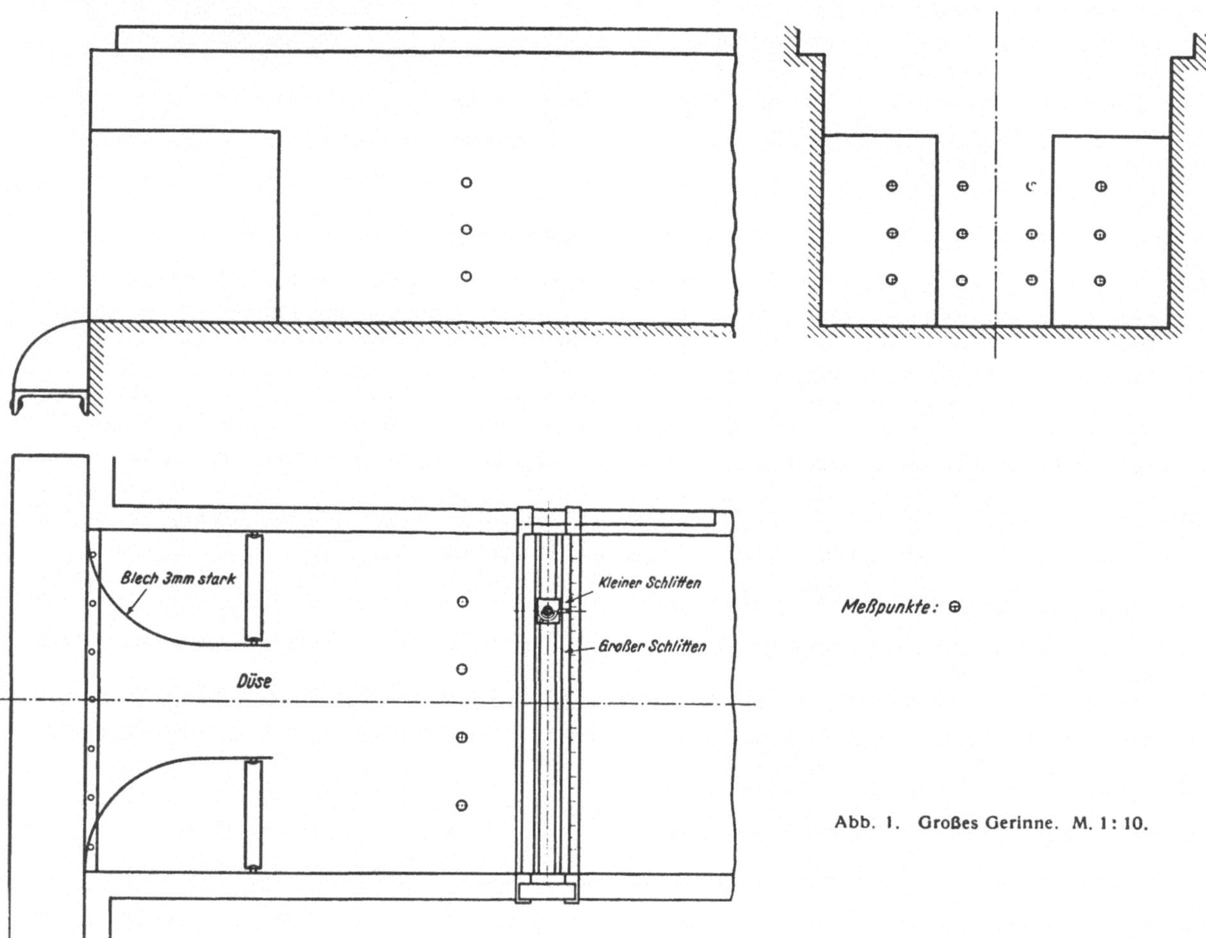

Abb. 1. Großes Gerinne. M. 1 : 10.

Die bisher in der Hydraulik benützten Instrumente erfüllen die oben erwähnte Bedingung keineswegs genügend. Es lag deshalb nahe, nach einer Vorrichtung zu suchen, welche die Mängel der bisherigen Instrumente nicht besitzt und die alle oben erwähnten Bedingungen, die zu Messungen im turbulenten Wasser nötig sind, erfüllt. Das in dieser Arbeit behandelte Instrument beruht auf dem gleichen Prinzip wie die bekannten „Hitzdraht-Anemometer" und sei mit „Hitzdraht-Hydrometer" bezeichnet.

Die Messungen in turbulentem Wasser wurden dann im Wirbelraum hinter einer Düse vorgenommen (Abb. 1).

Diese Untersuchungen sind im Hydraulischen Institut der Technischen Hochschule München auf Anregung des Herrn Professor D. Thoma ausgeführt worden.

Historische Entwicklung.

Die Theorie des Hitzdraht-Anemometers ist durchaus nicht neu. Sie ist seit 1913 bekannt. Wie der Name besagt, wird dieses Instrument zu Messungen in der Luft benutzt. Auch zu Messungen in anderen Gasen hat dieses Instrument Anwendung gefunden. In der Physikalischen Zeitschrift 1913, S. 1161 bis 1164, ist dieses Hitzdrahtinstrument eingehend behandelt. Eine vollständigere Arbeit ist von Bailey und Simmon im Philosophical Magazine 1927 (7), 3, veröffentlicht. In diesem Heft ist der Gebrauch dieses Instrumentes beim Messen von Geschwindigkeit und Richtung der Bewegung des Luftstromes mitgeteilt. Der benutzte Hitzdraht war ein Platindraht von 80 mm Länge und 0,02667 mm Durchmesser. Platin wurde wegen seines hohen Schmelzpunktes und wegen seiner chemischen Beständigkeit gewählt. Der Widerstand des Platindrahtes wurde mit Hilfe einer Wheatstoneschen Brücke gemessen. Als Meßinstrument fand in der Brücke ein Galvanometer Verwendung.

Die Geschwindigkeit und Richtung des Luftstromes sind in folgender Weise bestimmt worden:

Fließt ein elektrischer Strom durch einen Leiter, so erhitzt er diesen. Wenn der elektrische Strom konstant bleibt und der Leiter einem Luftstrom ausgesetzt wird, hängt die Temperatur des Drahtes von der abkühlenden Wirkung des Luftstromes ab, d. h. der Leiter wird bei größerer Geschwindigkeit dieses Luftstromes stärker abgekühlt als bei kleinerer. Da allgemein der Widerstand eines Leiters abhängig von seiner Temperatur ist, bewirkt die Änderung der Geschwindigkeit des Luftstromes eine Änderung des Leiterwiderstandes. Diese Änderungen des Widerstandes sind sehr klein, und zu ihrer Messung wurde, entsprechend Abb. 2 eine Wheatstonesche Brücke benutzt.

Bei gleichbleibender Luftgeschwindigkeit hängt die auf den Platindraht ausgeübte Kühlwirkung von dem Winkel ab, den der Platindraht mit der Richtung des Luftstromes einschließt. Die Kühlwirkung ist am größten, wenn der Draht senkrecht auf der Stromrichtung steht und am kleinsten, wenn er dieselbe Richtung hat wie die Strömung. Jeder bestimmten Lage zwischen diesen extremen Stellungen entspricht ein bestimmter Widerstand des Meßdrahtes. (Die Abhängigkeit des Leiterwiderstandes von der Richtung des Leiters relativ zu der des Luftstromes wurde wieder mit Hilfe einer Wheatstoneschen Brücke bestimmt.)

Die oben angegebenen Abmessungen dieses Platindrahtes, die wohl für Messungen in Luft genügen, sind, wie später gezeigt werden wird, für Messungen im Wasser nicht ausreichend. Soviel dem Verfasser bekannt ist, wurden bisher mit einem derartigen Platindraht im Wasser noch keine Versuche ausgeführt. Wie später noch nachgewiesen werden wird, kann man bei Benützung von unisoliertem Platindraht, wie er zu Messungen in Gasen dient, bei Messungen im Wasser keine exakten Ergebnisse erhalten.

Es sei an dieser Stelle auch noch auf die Arbeit von J. M. Burgers, Amsterdam, „Experiments on the fluctuations of the velocity in a current of air 1926" verwiesen, der ebenfalls Messungen in turbulenten Gasströmungen mit Hilfe eines Hitzdraht-Anemometers vorgenommen hat.

Die Abänderungen des Hitzdraht-Anemometers zur Verwendung im Wasser.

Die vom Verfasser angestellten Vorversuche haben ergeben, daß unisolierte Platindrähte mit den Abmessungen, wie sie zu Messungen in Gasen Verwendung fanden, zu Messungen in Flüssigkeiten nicht benutzt werden können. Die Gründe hierfür und die Abänderungen zur Verwendung für Messungen im Wasser sind folgende:

1.) Der zu Messungen in Luft benutzte Draht ist zu dünn, um dem vom Wasser ausgeübten Druck standhalten zu können. Deshalb ist es nötig, den Querschnitt des Drahtes zu vergrößern.

2.) Ein Draht von 8 cm Länge ist zu lang und ergibt bei den im Laboratorium ausgeführten Abmessungen der Versuchskörper keine exakten Werte für die Geschwindigkeit und die Richtung des Wasserstromes. Ein derartig langer Draht würde nur einen Durchschnittswert der längs seiner ganzen Länge herrschenden Strömungen ergeben. Deshalb ist es notwendig ein kürzeres Drahtstück zu verwenden.

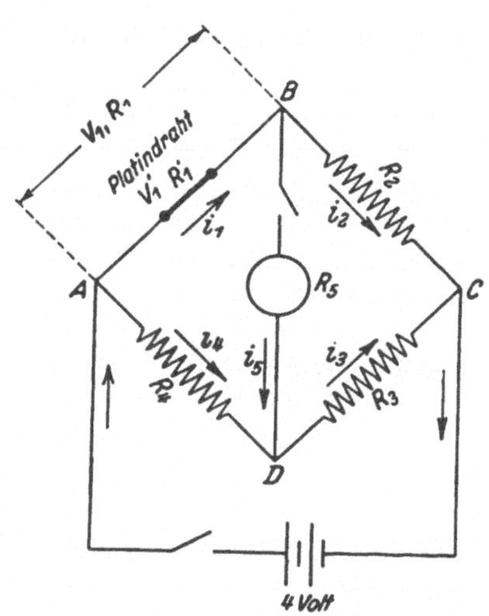

Abb. 2. Wheatstone'sche Brücke-Schaltung.

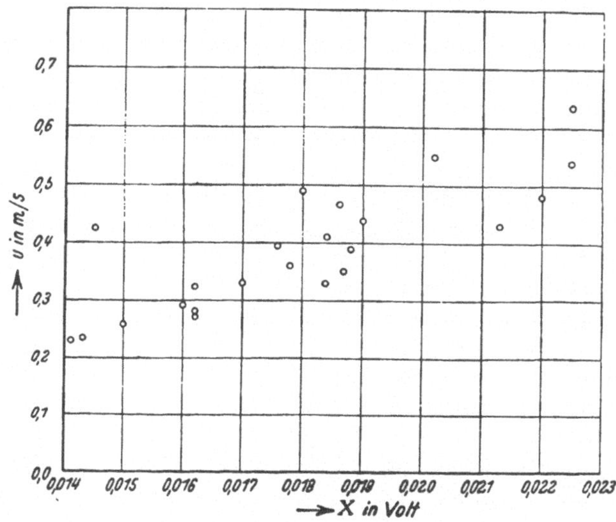

Abb. 3. Punkte für die Eichung des unisolierten Platindrahtes.

3.) Als der elektrisch geheizte Platindraht unisoliert zu Messungen benutzt wurde, d. h. so, daß eine unmittelbare Berührung zwischen Draht und Wasser bestand, haben sich unangenehme Erscheinungen ergeben, die bei Messungen in Gasen nicht auftreten und sich darin äußerten, daß keine gleichbleibende Eichkurve des Instrumentes erzielt werden konnte.

War der unisolierte Platindraht von 0,1 mm Durchmesser und 10 mm Länge an einer Stelle der Strömung festgehalten und mit der Wheatstoneschen Brücke nach Abb. 2 verbunden, so ergab sich anfänglich ein bestimmter Ausschlag, der sich nach kurzer Zeit (ca. 1 Sekunde) änderte, obwohl Beharrungszustand der Strömung vorhanden war. Der Zeiger des Instrumentes pendelte dann dauernd zwischen gleichfalls nichtkonstanten Grenzen hin und her. Abb. 3 zeigt die abgeschätzten Mittelwerte der Ausschläge für verschiedene Wassergeschwindigkeiten. Infolge der starken Streuungen dieser Werte war es nicht möglich, aus ihnen eine Eichkurve zu ermitteln. Bei der Suche nach der Ursache dieser Schwankungen zeigten sich an dem durch eine starke Lichtquelle hell beleuchtetem Platindraht feine Bläschen, die sich unregelmäßig bildeten, am Draht entlang liefen und ebenso unregelmäßig von der Strömung mitgerissen wurden. Wahrscheinlich entstanden diese Gasbläschen durch elektrolytische Zersetzung des Wassers und vielleicht auch durch Dampfblasen.

Diese Bläschenbildung stört die gleichmäßige Kühlwirkung des Wassers, da durch sie die Berührungsfläche des Drahtes mit dem Wasserstrome unregelmäßig verkleinert wird. Dadurch hält sich die Temperatur des Drahtes bei einer bestimmten Wassergeschwindigkeit nicht auf konstanter Höhe und erzeugt deshalb trotz konstanter Geschwindigkeit keinen konstanten Anschlag des Meßinstrumentes in der Wheatstoneschen Brücke.

Um den Platindraht zu Messungen im Wasser überhaupt verwenden zu können, muß eine der folgenden Bedingungen erfüllt werden.

Es muß entweder die Blasenbildung bei gleichbleibender Wassergeschwindigkeit konstant gehalten, oder aber die Blasenbildung überhaupt verhindert werden. Ersteres ist fast unmöglich; deshalb ist versucht worden, die zweite dieser Bedingungen zu erfüllen.

Es wurden versuchsweise verschiedene Materialien zur Isolation verwendet, um am Platindraht das Auftreten elektrolytischer Erscheinungen zu verhindern. Das Isolationsmaterial muß folgende Bedingungen erfüllen:

a) Das Material muß fähig sein, elektrolytische Zersetzungen des Wassers zu verhindern. Deshalb muß es ein schlechter elektrischer Leiter sein.

b) Das Material sollte gleichzeitig ein möglichst guter Wärmeleiter sein, um den durch die Wassergeschwindigkeit bedingten Temperaturwechsel auf den Platindraht überleiten zu können.

c) Es muß gegen hohe Temperaturen widerstandsfähig sein.

d) Es darf kein Wasser aufnehmen.

Wie die Versuche gezeigt haben, können weder Lack noch Emaille die oben erwähnten Bedingungen erfüllen.

Im allgemeinen ist es fast unmöglich, ein Material zu finden, das ein schlechter elektrischer Leiter und gleichzeitig ein guter Wärmeleiter ist. Man muß also, da die schlechte elektrische Leitfähigkeit unbedingt nötig ist, auch die schlechte Wärmeleitfähigkeit mit in Kauf nehmen, kann jedoch letztere durch genügend kleine Wandstärken kompensieren; dies läßt sich am bequemsten bei Glas erreichen. Aus diesem Grunde wurde bei den Versuchen Glas zur Verhinderung der Blasenbildung verwendet und damit der gewünschte Zweck erreicht.

Der benutzte Platindraht besaß eine Länge von 1 cm und einen Durchmesser von 0,1 mm. Er war umhüllt von einer Glasschicht von etwa 0,08 mm Dicke. Aus Herstellungsgründen konnte eine geringere Wandstärke als 0,08 mm nicht erzielt werden.

Die Herstellung geschah folgendermaßen: Ein dünnes Glasröhrchen wurde ausgezogen und der ganzen Länge nach über den Platindraht geschmolzen, derart, daß alle Luft, die sich zwischen dem Platindraht und dem Glasröhrchen befand, verschwand. Zuerst wurden Versuche angestellt mit einem Glasröhrchen, das überhaupt nicht geschmolzen war, und darauf mit einem Glasröhrchen, das nur an den Enden mit dem Platindraht zusammengeschmolzen war. Zum Schlusse wurde ein Glasröhrchen verwendet, das, wie erwähnt, ganz über den Platindraht geschmolzen war. Mit diesem wurden die besten Ergebnisse erzielt. Der Durchmesser des Glasröhrchens betrug nach erfolgter Umschmelzung des Platindrahtes zwischen 0,25 und 0,30 mm. Für Wassergeschwindigkeiten bis 0,9 m pro Sekunde hat diese Glasstärke sehr zufriedenstellende Ergebnisse geliefert. Schon eine kleine Überschreitung der angegebenen Dicke des Glases verringert den Wärmeaustausch zu stark. In diesen Fällen genügt es dem Zweck, dem es dienen soll, nicht mehr. Deshalb sollte auch in künftigen Fällen der Dicke des Glasröhrchens eine ganz besondere Aufmerksamkeit gewidmet werden.

Zur Ermittlung der Zahl der Pulsationen, denen der so überzogene Platindraht folgen kann, wurde die nachfolgend entwickelte Methode angewendet:

Berechnung der Einstellzeit des Hitzdraht-Hydrometers.

Die folgenden Rechnungen haben den Zweck, die Einstellzeit des Instrumentes aus Messungen, die in einem gleichmäßigen Wasserstrom gemacht wurden, wenigstens annähernd zu ermitteln. Eine direkte Messung der Einstellzeit würde schwierig sein. Für die Aufzeichnung der Strom- bzw. Spannungsschwankungen bei Messungen in turbulenten Strömungen ist ein Oszillograph benutzt worden, der eine sehr kleine Eigenschwingungsdauer (ca. $^1/_{2000}$ *sk.*) hat. Die Verzögerung der Anzeige kommt deswegen praktisch allein dadurch zustande, daß die Temperatur des Meßdrahtes den Geschwindigkeitsänderungen nicht sofort folgt. Bei den zur Bestimmung der Einstellzeit dienenden Messungen wurde statt des bei den späteren Geschwindigkeitsmessungen benutzten Oszillographen ein Millivoltmeter verwendet.

Verhalten bei gleichbleibender Wassergeschwindigkeit.

Das Instrument wurde in zeitlich konstanten Wasserströmungen von bekannten Geschwindigkeiten geeicht. Der bei den eben erwähnten Versuchen gefundene Zusammenhang zwischen der Wassergeschwindigkeit u und der Anzeige des in die Brücke (Abb. 2) eingeschalteten Millivoltmeters ist in Abb. 4 dargestellt. Die Widerstände in der Brücke waren dabei folgende:

$R_2 = 0,62$ Ohm
$R_3 = 3,85$,,
$R_4 = 2,85$,,
$R_5 = 10,0$,,

Die Zuleitungen zu dem Platindraht hatten 0,15 Ohm Widerstand. Die Wassertemperatur war 15°C.

Es sei ϑ_i die Temperatur des Platindrahtes und ϑ_a der Mittelwert der Temperatur des Glases in der äußersten Glasschicht (Abb. 5). Es wird angenommen, daß die Temperatur des Platindrahtes über den ganzen Querschnitt konstant gleich ϑ_i sei, da die

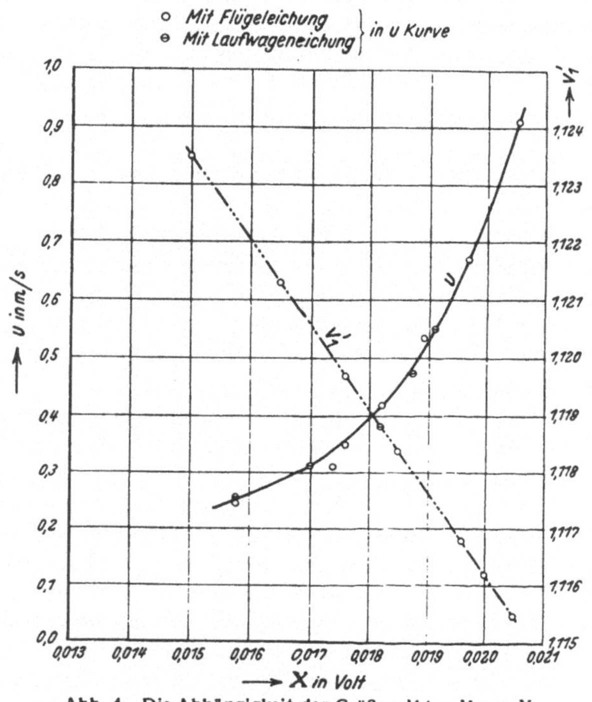

Abb. 4. Die Abhängigkeit der Größen V_1' u. Y von X.

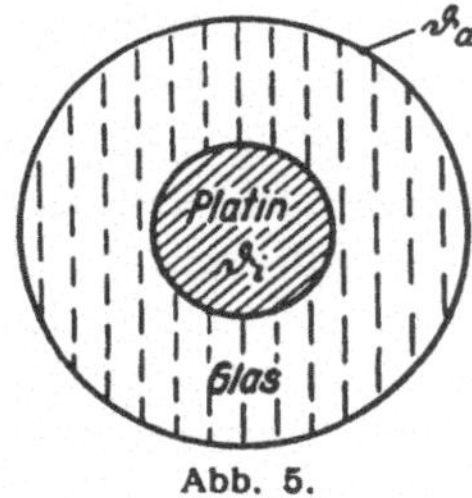

Abb. 5.

Wärmeleitfähigkeit des Platins groß im Vergleich zu der des Glases ist (etwa 75 mal so groß). Die Temperatur ϑ_w des zufließenden Wassers sei ebenfalls als konstant vorausgesetzt.

Wie bekannt ist der Widerstand eines elektrischen Leiters eine Funktion seiner Temperatur und wird nach der Formel

$$R\vartheta_i = R_0 \cdot (1 + \alpha \cdot \vartheta_i)$$

berechnet, worin

$\vartheta_i =$ Temperatur des Leiters in Grad Celsius,
$R\vartheta_i =$ Widerstand des Leiters in Ohm bei der Temperatur ϑ_i °C,
$R_0 =$,, ,, ,, ,, ,, ,, ,, ,, 0 °C
$\alpha =$ Temperaturkoeffizient (wird als konstant angenommen).

Diese Formel kann auch in folgender Form geschrieben werden:

$$R\vartheta_i = R\vartheta_w \cdot (1 + \alpha \cdot (\vartheta_i - \vartheta_w)) \quad \ldots \ldots \ldots \ldots \quad (1)$$

oder

$$\vartheta_i - \vartheta_w = \frac{R\vartheta_i - R\vartheta_w}{\alpha \cdot R\vartheta_w}$$

$R\vartheta_w =$ Widerstand des Leiters bei Wassertemperatur ϑ_w,
$\alpha =$ Temperaturkoeffizient.

Da $R\vartheta_i$ für jeden Versuch aus der bekannten Spannung zwischen A und C (Abb. 2) aus der Ablesung des in die Brücke eingeschalteten Meßinstrumentes und aus den bekannten Widerständen der Brücke errechnet werden kann, und da außerdem $R\vartheta_w$ durch besondere Messungen am untergetauchten Draht bei sehr kleiner, keine merkliche Temperatursteigerung hervorrufenden Stromstärke bestimmt werden kann, läßt sich aus der Gl. (1) die Übertemperatur $\vartheta_i - \vartheta_w$ des Drahtes für jeden Versuch bestimmen.

Für eine gegebene Spannung V (in Volt) an den Enden des Platindrahtes ändert sich der Strom i (in Ampere) im Leiter mit dem Widerstand in folgender Form:

$$i = \frac{V}{R\vartheta_i} = \frac{V}{R\vartheta_w \cdot \left(1 + \alpha \cdot (\vartheta_i - \vartheta_w)\right)} \quad \cdot \quad \cdot \quad \cdot \quad \cdot \quad \cdot \quad (2)$$

Die mit diesem Strom sekundlich erzeugte Wärmemenge Q_e ist $=$ Konstante $\cdot i^2 \cdot R\vartheta_i =$ Konstante $\cdot$ Wattleistung.

Also nach Gl. (2)

$$Q_e = \text{Konstante} \cdot \frac{V^2}{R\vartheta_w \cdot \left(1 + \alpha \cdot (\vartheta_i - \vartheta_w)\right)} \quad \cdot \quad \cdot \quad \cdot \quad \cdot \quad \cdot \quad (3)$$

Innerhalb des Meßbereiches sind die Veränderungen von $1 + \alpha \cdot (\vartheta_i - \vartheta_w)$ nur sehr klein im Vergleich zu dem mittleren Wert von $1 + \alpha \cdot (\vartheta_i - \vartheta_w)$. Man kann deswegen ohne merklichen Fehler setzen

$$Q_e = C_1 + C_2\, (\vartheta_i - \vartheta_w) \quad \cdot \quad \cdot \quad \cdot \quad \cdot \quad \cdot \quad \cdot \quad \cdot \quad (4)$$

Die Konstanten C_1 und C_2 können aus dem bekannten Widerstande des Meßdrahtes bei der Übertemperatur 0, aus dem bekannten Temperaturkoeffizienten des Widerstandes, den bekannten Widerständen in der Brücke und aus der bekannten angelegten Spannung (zwischen A und C) berechnet werden.

Unter Berücksichtigung der Wärmeleitfähigkeit des Glases ergibt sich ferner für die abgeleitete Wärmemenge die Beziehung

$$Q_a = \text{konstant} \cdot (\vartheta_i - \vartheta_a)$$

oder anders geschrieben

$$\vartheta_a = \vartheta_i - C_4 \cdot Q_a \quad \cdot \quad \cdot \quad \cdot \quad \cdot \quad \cdot \quad \cdot \quad \cdot \quad (5)$$

Die Konstante C_4 wird aus den Innen- und Außenradien der Glasschicht und der Wärmeleitfähigkeit des Glases berechnet.

Das strömende Wasser (Wassergeschwindigkeit $= u$) kühlt die Glasoberfläche ab, wodurch die Wärmemenge zum Teil abgeleitet und vom Wasser aufgenommen wird. Im Beharrungszustande ist die abgeleitete Wärmemenge gleich der erzeugten.

Für ein gegebenes Instrument und eine Flüssigkeit mit gegebenen physikalischen Eigenschaften ist die abgeführte Wärmemenge

$$Q_a = f\,(u) \cdot (\vartheta_a - \vartheta_w) \quad \cdot \quad \cdot \quad \cdot \quad \cdot \quad \cdot \quad \cdot \quad (6)$$

Im Beharrungszustand geht $f\,(u)$ in eine Konstante C_3 über.

$f\,(u)$ wird folgendermaßen bestimmt. Die Beobachtungen bei der Eichung ergaben für eine Reihe von Wassergeschwindigkeiten u bei gegebener konstanter Spannung E die Werte des Stromes i_1 des Spannungsabfalls im Hitzdraht v_1' und damit auch die Größe Q_e und die Temperatur ϑ_i.

Für jede Wassergeschwindigkeit u im Beharrungszustand läßt sich dann ausrechnen: ϑ_a nach Gl. (5) und damit $\vartheta_a - \vartheta_w$. Da im Beharrungszustande $Q_a = Q_e$ ist, läßt sich somit der Wert $f\,(u)$ für verschiedene Wassergeschwindigkeiten aus Gl. (6) ermitteln. Man erhält:

$$f\,(u) = \frac{Q_a}{\vartheta_a - \vartheta_w} = \frac{Q_a}{\vartheta_i - \vartheta_w - (\vartheta_i - \vartheta_a)} = \frac{Q_a}{(\vartheta_i - \vartheta_w) - C_4 \cdot Q_a} \quad \cdot \quad \cdot \quad \cdot \quad (7)$$

Verhalten bei wechselnder Wassergeschwindigkeit.

Die Konstanten C_1, C_2 und C_4 hängen von der Wassergeschwindigkeit nicht ab; $f(u)$ hängt nur von dem augenblicklichen Wert der Wassergeschwindigkeit ab.

Um in einfacher Weise ein Bild über die Schnelligkeit zu gewinnen, mit der die Temperatur des Platindrahtes den Schwankungen der Wassergeschwindigkeit folgt, wird bei den Berechnungen die Wärmekapazität des Glases der Wärmekapazität des Platindrahtes zugeschlagen. Die damit errechnete Einstellzeit wird etwas größer sein als die Einstellzeit des wirklichen Instrumentes, weil bei diesem ein Teil der bei Temperaturschwankungen auszutauschenden Wärmemengen nicht den Weg durch die ganze Glaswand zurücklegen muß und somit einen kleineren Leitungswiderstand zu überwinden hat als bei der in der Rechnung gemachten Voraussetzung, wo alle Wärmemengen den Leitungswiderstand der ganzen Glasdicke überwinden müssen.

Ist kein Beharrungszustand vorhanden, so ergibt sich der Unterschied zwischen erzeugter und abgeleiteter Wärmemenge aus der Gleichung:

$$C_5 \cdot \frac{d\vartheta_i}{dt} = Q_e - Q_a$$

worin C_5 die auf Grund der obigen Annahme aus den Abmessungen und den bekannten spezifischen Wärmen berechnete gesamte Wärmekapazität des Platindrahtes und der Glashülle bedeutet.

Entspricht einem Beharrungszustand 1 der Strömung ein Ausschlag x_1 des Meßinstrumentes und wird plötzlich der Beharrungszustand 2 erreicht und festgehalten, so wird nach einer genügend langen Zeit sich an dem als trägheitslos vorausgesetzten Meßinstrumente der konstante Ausschlag x_2 einstellen. Man bezeichnet dann als Halbierungszeit der Amplitude diejenige Zeit T, die verstreicht, bis der Ausschlag die Größe $\dfrac{x_2 + x_1}{2}$ erreicht hat. Die Gl. (4, 5, 6 u. 8) gestatten die Bestimmung dieser Halbierungszeit, sie sind nachstehend noch einmal zusammengestellt; wobei für $f(u) = C_3$ gesetzt ist, da während des Vorganges die Wassergeschwindigkeit und somit $f(u)$ konstant ist.

$$Q_e = C_1 + C_2 \cdot (\vartheta_i - \vartheta_w) \quad\dotfill\quad (4)$$
$$Q_a = C_3 \cdot (\vartheta_a - \vartheta_w) \quad\dotfill\quad (6)$$
$$\vartheta_a = \vartheta_i - C_4 \cdot Q_a \quad\dotfill\quad (5)$$
$$C_5 \cdot \frac{d\vartheta_i}{dt} = Q_e - Q_a \quad\dotfill\quad (8)$$

Bezeichnet

$$\varphi_i = \vartheta_i - \vartheta_w$$
$$\varphi_a = \vartheta_a - \vartheta_w,$$

so folgt $\varphi_i - \varphi_a = \vartheta_i - \vartheta_a$ und $\dfrac{d\varphi_i}{dt} = \dfrac{d\vartheta_i}{dt}$, da ϑ_w konstant ist.

Durch Einsetzen ergibt sich:

$$Q_e = C_1 + C_2 \cdot \varphi_i \quad\dotfill\quad (9)$$
$$Q_a = C_3 \cdot \varphi_a \quad\dotfill\quad (10)$$
$$C_4 \cdot Q_a = \varphi_i - \varphi_a \quad\dotfill\quad (11)$$
$$C_5 \cdot \frac{d\varphi_i}{dt} = Q_e - Q_a \quad\dotfill\quad (12)$$

Gl. (9) und (10) in Gl. (12) eingesetzt liefert:

$$C_5 \cdot \frac{d\varphi_i}{dt} = C_1 + C_2 \cdot \varphi_i - C_3 \cdot \varphi_a \quad\dotfill\quad (13)$$

Gl. (10) in Gl. (11) eingesetzt, ergibt:

$$C_3 \cdot \varphi_a = \frac{\varphi_i - \varphi_a}{C_4}$$

also

$$\varphi_a = \frac{\varphi_i}{C_3 \cdot C_4 + 1}$$

Dieser Wert von φ_a in Gl. (13) eingesetzt ergibt:

$$C_5 \cdot \frac{d\varphi_i}{dt} + \varphi_i \cdot \left(\frac{C_3}{C_3 \cdot C_4 + 1} - C_2 \right) - C_1 = 0 \qquad \dots \dots \dots (14)$$

Der Endwert, dem sich φ_i bei wachsendem t nähert, ist

$$\frac{C_1}{\dfrac{C_3}{C_3 C_4 + 1}} - C_2.$$

Bezeichnet man die Abweichung des augenblicklichen Wertes von φ_i vom Endwert mit τ_i, setzt also

$$\varphi_i - \frac{C_1}{\left[\dfrac{C_3}{C_3 C_4 + 1} - C_2 \right]} = \tau_i,$$

so ergibt sich aus Gl. (14) nach einigen Umrechnungen:

$$\frac{d\tau_i}{dt} + \frac{1}{C_5} \cdot \left(\frac{C_3}{C_3 \cdot C_4 + 1} - C_2 \right) \cdot \tau_i = 0 \qquad \dots \dots \dots \dots (15)$$

Diese Differentialgleichung integriert ergibt:

$$\tau_i = e^{-\frac{C_5}{1}\left(\frac{C_3}{C_3 \cdot C_4 + 1} - C_2 \right) t} \qquad \dots \dots \dots \dots (16)$$

Die Halbierungszeit, die mit T bezeichnet sei, findet man aus der Überlegung, daß während des Ablaufes der Halbierungszeit der Exponent in obiger Gleichung um ln 2 abnehmen muß. Man erhält also:

$$T = \frac{\ln 2}{\dfrac{1}{C_5}\left(\dfrac{C_3}{C_3 C_4 + 1} - C_2 \right)} \qquad \dots \dots \dots \dots (17)$$

Um diese Halbierungszeit T (siehe Tabelle) zahlenmäßig zu berechnen, müssen zuerst die Zahlenwerte der Konstanten C_2 bis C_5 bestimmt werden, ferner wird C_1 benötigt zur Bestimmung von C_3.

Bestimmung der Konstanten für das verwendete Instrument.

a) Bestimmung von C_1 und C_2.

Wie vorher bemerkt worden war ist der Platindraht als ein Arm der Wheatstoneschen Brücke benutzt worden. In der nebenstehenden Abb. 2 seien die Widerstände der verschiedenen Arme R_1, R_2, R_3, R_4. Der Widerstand des Meßinstrumentes sei R_5. Das Meßinstrument ist ein Millivoltmeter (Meßbereich 0 bis 45 Millivolt) mit 10 Ohm Eigenwiderstand. Weiterhin sei der jeweilige Strom in diesen einzelnen Armen i_1, i_2, i_3, i_4 und der Strom im Meßinstrument i_5. Die Spannung zwischen A und C kann, da die Zuleitungen dick und die Batterie groß waren, als konstant betrachtet werden; sie sei gleich E. Die Spannungsdifferenz zwischen den Punkten B und D bzw. die Anzeige des Meßinstruments (in Volt) sei mit X bezeichnet. Der Strom fließt in den gezeigten Richtungen (Abb. 2).

Dann ist:

$$X = R_4 \cdot i_4 - R_1 \cdot i_1 \dots \dots \dots \dots \dots \dots (18)$$

Ferner

$$E = R_1 \cdot i_1 + R_2 (i_1 - i_5) \qquad \dots \dots \dots \dots \dots (19)$$

da

$$i_2 = i_1 - i_5.$$

3*

Außerdem ist auch:

$$E = R_4 \cdot i_4 + R_3 \cdot i_3 =$$
$$R_4 = i_4 + R_3 (i_4 + i_5) \quad \dots \dots \dots \dots \dots \dots \dots \quad (20)$$

da
$$i_3 = i_4 + i_5.$$

Aus Gl. (20) erhält man

$$i_4 = \frac{E - R_3 \cdot i_5}{R_4 + R_3}.$$

Dieser Wert von i_4 in Gl. (18) eingesetzt ergibt:

$$R_1 \cdot i_1 = R_4 \left(\frac{E - R_3 \cdot i_5}{R_4 + R_3} \right) - X.$$

Mit $\quad i_5 = \dfrac{X}{R_5} \quad$ folgt hieraus

$$R_1 \cdot i_1 = \frac{E \cdot R_4}{R_3 + R_4} - \left(\frac{R_3 \cdot R_4}{R_5 (R_3 + R_4)} + 1 \right) \cdot X \quad \dots \dots \dots \quad (21)$$

Führt man diesen Wert von $R_1 \cdot i_1$ in Gl. (19) ein und setzt wieder $i_5 = \dfrac{X}{R_5}$, so ergibt sich nach kurzer Rechnung

$$i_1 = \frac{E}{R_2} \left(1 - \frac{R_4}{R_3 + R_4} \right) + \left(\frac{R_3 \cdot R_4}{(R_3 + R_4) R_2 R_5} + \frac{1}{R_2} + \frac{1}{R_5} \right) \cdot X \quad \dots \dots \quad (22)$$

Nunmehr setzt man zweckmäßig in die Gleichungen 21 u. 22 die Zahlenwerte ein. Diese sind:

$$R_2 = 0{,}62 \text{ Ohm}$$
$$R_3 = 3{,}85 \quad ,,$$
$$R_4 = 2{,}85 \quad ,,$$
$$R_5 = 10{,}0 \quad ,,$$
$$E = 4{,}0 \text{ Volt.}$$

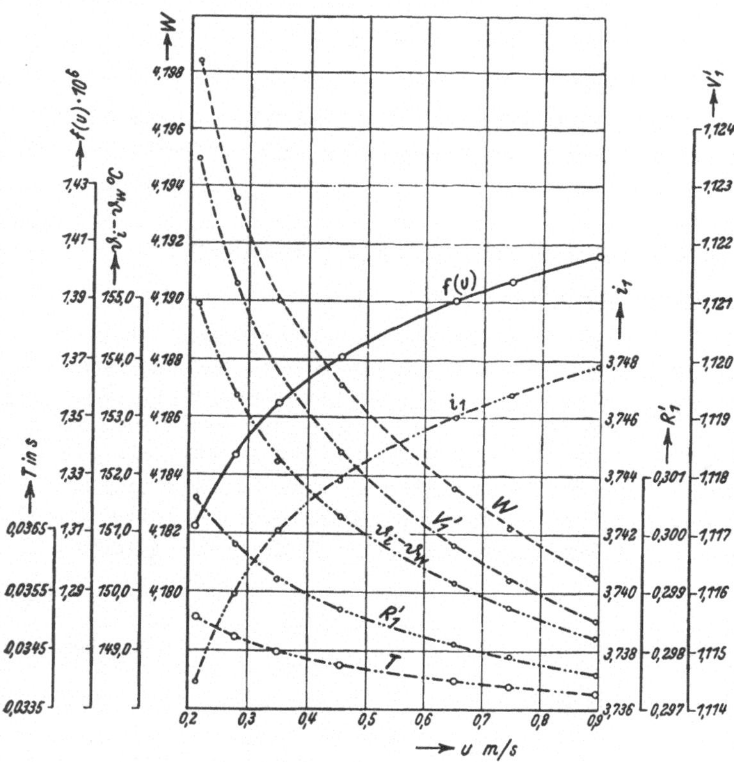

Abb. 6. Die Abhängigkeit der Größen V_1', i_1, R_1' W $\vartheta_i - \vartheta_w$ $F(u)$ u T von U.

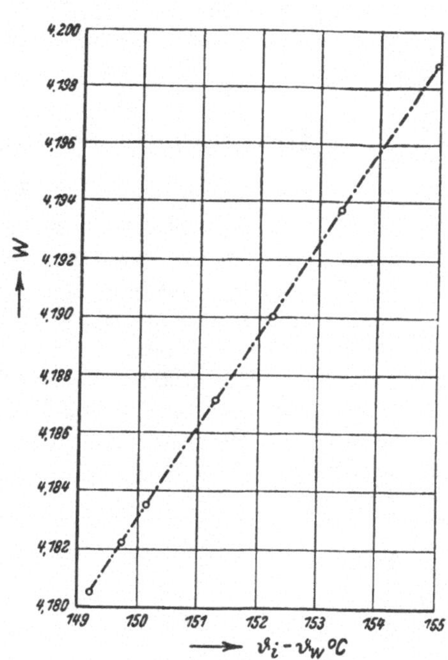

Abb. 7. W abhängig von $\vartheta_i - \vartheta_w$.

Man erhält damit

$$R_1\, i_1 = 1{,}7015 - 1{,}1638\, X \quad\quad\quad\quad\quad\quad (21\,\text{a})$$

$$i_1 = 3{,}7073 + 1{,}977\, X \quad\quad\quad\quad\quad\quad (22\,\text{a})$$

Die Spannung $R_1\, i_1$ schließt den Spannungsverlust in den Zuleitungen zum Meßdraht ein, deren Widerstand 0,15 Ohm betragen hat. Indem man 0,15 i von $R_1\, i_1$ abzieht, erhält man die Spannung V_1' am Meßdraht zu

$$V_1' = 1{,}1454 - 1{,}4603\, X \quad\quad\quad\quad\quad\quad (23)$$

Daraus ergibt sich der Widerstand R des Meßdrahtes

$$R_1' = \frac{V_1'}{i_1} = \frac{1{,}1454 - 1{,}4603\, X}{3{,}7073 + 1{,}977\, X} \quad\quad\quad\quad\quad\quad (24)$$

Da der Widerstand des Meßdrahtes bei Wassertemperatur ($\vartheta_w = 15^0$ C) zu 0,2192 Ohm gefunden wurde und der Temperaturkoeffizient des Widerstandes von Platin gleich 0,0024 pro Grad ist, ist andererseits auch

$$R_1' = 0{,}2192\,\{1 + 0{,}0024\,(\vartheta_i - \vartheta_w)\}$$

Durch Gleichsetzen der beiden obigen Werte von R erhält man

$$\vartheta_i - \vartheta_w = \frac{170{,}62 - 970{,}95\, X}{1 + 0{,}5333\, X} \quad\quad\quad\quad\quad\quad (25)$$

Die Abhängigkeiten des Stromes i_1, der Spannung V_1', des Widerstandes R_1' und der Temperatur ($\vartheta_i - \vartheta_w$) von der Geschwindigkeit u ist in Abb. 6 dargestellt.

Um die Konstanten C_1 und C_2 zu ermitteln wurden für einige angenommene in den bei den Messungen benutzten Bereich fallenden Werte von X die zugehörigen Werte von i_1, V_1' und ($\vartheta_i - \vartheta_w$) nach den Gl. (22a), (23) u. (25) ausgerechnet und dann die Wattleistungen $W = i_1\, V_1'$ über ($\vartheta_i - \vartheta_w$) aufgetragen (Abb. 7). Die Punkte liegen merklich auf einer Geraden mit der Gleichung

$$W = 3{,}7029 + 0{,}00320\,(\vartheta_i - \vartheta_w)$$

da Q_e (kcal/sk) $= 10^{-4} \cdot 2{,}39$ W ist, ergibt sich

$$Q_e = 8{,}850 \cdot 10^{-4} + 7{,}648 \cdot 10^{-7}\,(\vartheta_i - \vartheta_w)$$

somit ist $C_1 = 8{,}850 \cdot 10^{-4}$ kcal/sk
und $C_2 = 7{,}648 \cdot 10^{-7}$ kcal/sk und Grad.

b) Bestimmung von C_4.

Für die Wärmeleitung in Rohren gilt (nach Hütte I, 26. Auflage, S. 447):

$$Q_a = \frac{L \cdot \pi \cdot (\vartheta_i - \vartheta_a) \cdot 2 \cdot \lambda}{\ln \dfrac{(d_a)}{(d_i)}}$$

worin

$\lambda\ =$ Wärmeleitfähigkeit des Glases $= 10^{-4} \cdot 1{,}95$ kcal/m/sk/Grad,
$L\ =$ die Länge des Glasrohres $= 10^{-2}$ m,
$d_a\ =$ der äußere Durchmesser des Glasrohres $= 0{,}26$ mm,
$d_i\ =$ der innere Durchmesser des Glasrohres $= 0{,}10$ mm.

Diese Werte in dieser Gleichung für Q_a eingesetzt, ergeben:

$$Q_a = \frac{1}{78000}\,(\vartheta_i - \vartheta_a)$$

oder

$$\vartheta_i - \vartheta_a = 78000\, Q_a.$$

Diese Form entspricht genau der Gl. (6), somit muß $C_4 = 78000$ Grad/kcal/sk sein.

c) Bestimmung von C_5.

In Gl. (6) bedeutet die Konstante C_5 die Wärmekapazität; diese ist:
Wärmekapazität des Platins = Gewicht des Platindrahtes in kg mal spez. Wärme des Platins.
Wärmkapazität des Glases = Gewicht des Glasrohres in kg mal spez. Wärme des Glases.

	Spez. Wärme	Gewicht in kg	Wärmekapazität
Platin . . .	$0{,}032$ kcal/^{0} C/kg	$0{,}169 \cdot 10^{-5}$	$0{,}540 \cdot 10^{-7}$ kcal/Grad
Glas	$0{,}20$,, ,,	$0{,}118 \cdot 10^{-5}$	$2{,}352 \cdot 10^{-7}$,, ,,

Die gesamte Wärmekapazität $= 2{,}892 \cdot 10^{-7}$,, ,,

d) Bestimmung von $f\,(u)$.

In der oben abgeleiteten Gleichung $f\,(u)$

$$f\,(u) = \frac{Q_a}{(\vartheta_i - \vartheta_w) - C_4 \cdot Q_a}$$

ist für jeden Versuch Q_a bekannt, da in dem vorliegenden Beharrungszustand $Q_a = Q_e =$ $10^{-4} \cdot 2{,}39 \cdot i_1 \cdot V_1'$ ist und i_1' und V_1' aus den Gl. (22a) u. (23) gefunden werden können. Ferner ist $\vartheta_i - \vartheta_w$ aus Gl. (25) bekannt. C_4 ist bereits ermittelt. Man kann somit $f\,(u)$ für jeden Versuchspunkt ausrechnen und, wie in Abb. 6 geschehen, über u auftragen.

e) Bestimmung der Halbierungszeit T.

Da nun alle Werte in der rechten Seite von Gl. (17) bekannt sind, kann man die Halbierungszeit T ausrechnen. Die ausgerechneten Werte von T sind in Tabelle I angegeben und auch in Abb. 6 eingetragen, sie sind nur wenig von u abhängig.

Bei der Aufstellung der Gl. (17) war die Annahme gemacht worden, daß alle Wärmemengen den vollen Weg durch die Glasschicht zurücklegen müssen. Diese Annahme ist merklich zu ungünstig, da die Glaswand etwa $^4/_5$ der gesamten Wärmekapazität besitzt, ein erheblicher Teil der Wärme also nur einen kürzeren Weg zurücklegen muß. Man darf schätzen, daß die Halbierungszeit deswegen statt des errechneten Wertes von ungefähr $0{,}034$ s etwa $^1/_{40}$ s betragen wird.

Versuchsanordnung und Versuchsdurchführung.

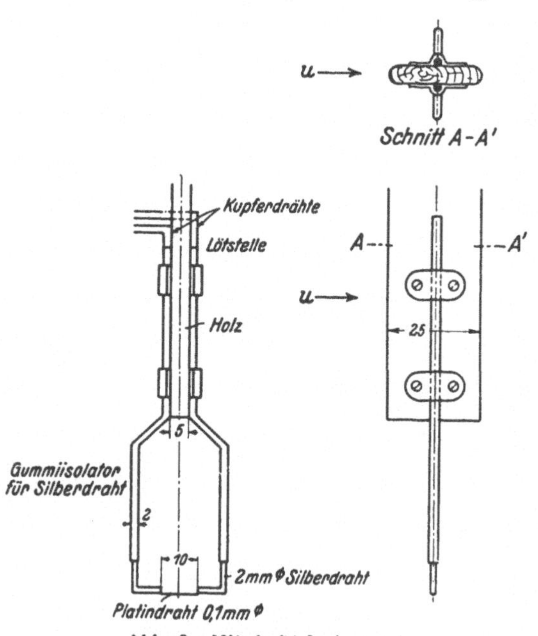

Abb. 8. Hitzdraht-Instrument.

Die Enden des mit Glas isolierten Platindrahtes von 0,1 mm Durchmesser sind, wie die nebenstehende Abb. 8 zeigt, für Verwendung bei Wassermessungen an Silberdrähte gelötet. Diese Silberdrähte sind auf einem langen Holzmaßstab befestigt und ihre Enden durch Lötung mit Kupferdrähten verbunden, die mit der Wheatstoneschen Brücke in Verbindung stehen.

Um zu verhindern, daß die vom Wasserstrom benetzten Teile der Silber- und Kupferdrähte ebenfalls gekühlt und dadurch eine Beeinflussung der Ergebnisse eintreten könnte, hatten beide Drähte einen Durchmesser von 2 mm gegenüber 0,1 mm des Platindrahtes. Infolgedessen ist der Widerstand dieser Teile sehr klein. Da auch die Temperaturänderungen dieser Drahtstücke sehr klein sind, werden die dadurch bewirkten Widerstandsänderungen sehr klein von zweiter Ordnung gegenüber denen des Platindrahtes und können daher vernachlässigt werden.

Ferner waren diese Drähte nicht nur durch Lack, sondern auch durch Gummi isoliert. Im allgemeinen tauchten nur die Silberdrähte in das Wasser, und bei großen Tiefen auch die Kupferdrähte.

Die Eichung des Hitzdraht-Hydrometers.

Zwei Methoden wurden zur Eichung des Hitzdrahtes angewendet. Zuerst wurden in der Düse des großen Gerinnes (Abb. 1) mit einem Woltmannschen Flügel die Geschwindigkeit an einer bestimmten Stelle ermittelt. Dann wurde das oben erwähnte Hitzdrahtinstrument an die gleiche Stelle gehalten, und für immer konstant gehaltene Widerstände in den anderen drei Armen der Brückenschaltung der Ausschlag des Millivoltmeter-Meßinstrumentes in der Brücke abgelesen. Das lieferte die Eichkurve des Hydrometers, d. h. die Abhängigkeit des Ausschlages von der Wassergeschwindigkeit (Abb. 4).

Anschließend wurde die Eichung des Hitzdrahtes in einem Meßkanal wiederholt, der allgemein zur Flügeleichung mittels Laufwagens dient. Das Hitzdrahtinstrument wurde an der gleichen Stelle des Wagens befestigt, an der sonst der zu eichende Flügel sitzt und geeicht, in dem der Wagen mit verschiedenen bekannten Geschwindigkeiten fortbewegt wurde. Beide Eichkurven sind, wie Abb. 4 zeigt, fast identisch.

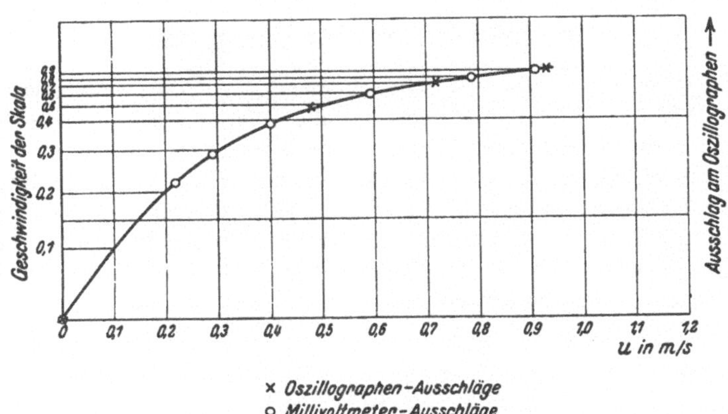

Abb. 9. Eichkurve des Hitzdrahtes mit Oszillograph als Meßinstrument.

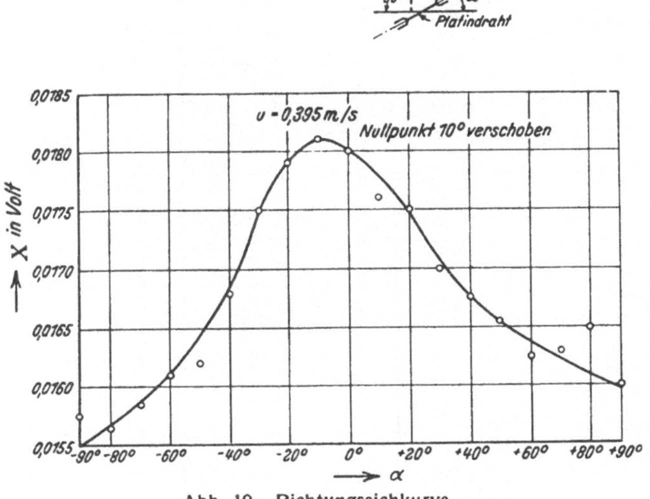

Abb. 10. Richtungseichkurve

Danach wurde an Stelle des Millivoltmeters als Meßinstrument wegen seiner geringen Trägheit ein Oszillograph benutzt. Mit Hilfe des Oszillographen kann man die Widerstandsschwankungen, die im Hitzdraht auftreten, photographisch sichtbar machen. Die Eichung des Instrumentes mit dem Oszillographen erfolgte in der Weise, daß für die Wassergeschwindigkeit Null und für einige andere, durch Woltmannsche Flügel bestimmte Geschwindigkeiten die entsprechenden Linien (parallele Linien zur Richtung der Papiergeschwindigkeit) photographisch aufgenommen wurden. Dadurch wurden die mit × bezeichneten Punkte der Eichkurve (Abb. 9) gewonnen. Die Eichungen wurden an demselben Tag wie die Versuche im turbulenten Strome vorgenommen. Außerdem wurden einige Punkte aus der früheren Eichung mit dem Millivoltmeter in das Diagramm Abb. 9 übertragen, es sind die mit o bezeichneten Punkte, die sich den durch direkte Messung mit dem Oszillographen bestimmten Punkten gut anschließen. Die Widerstände in der Brücke R_2, R_3 und R_4 waren dieselben wie bei den Messungen mit dem Millivoltmeter, der Widerstand R_5 war 20 Ohm.

Ferner wurde das Hitzdrahtinstrument für einige bekannte Geschwindigkeiten für Richtungsänderungen geeicht. Für verschiedene bekannte Winkelstellungen des Hitzdrahtes zur Wasserströmung wurden die Ausschläge am Millivoltmeter abgelesen und über dem Anström-winkel aufgetragen. Abb. 10 zeigt eine solche „Richtungseichkurve" für $u = 0{,}395$ m/sk.

Die turbulenten Strömungen.

Die turbulenten Strömungen sind, wie schon bemerkt, in der Erweiterung hinter einer Düse untersucht worden. Wie Abb. 1 zeigt, befindet sich die Düse am Anfang eines großen Gerinnes, welches 15 m Länge, 1,40 m Breite und 1,10 m Tiefe besitzt.

Der oben erwähnte Hitzdraht mit dem Maßstab ist mit einem kleinen Schlitten, wie Abb. 11 zeigt, verbunden, der wiederum, wie Abb. 1 zeigt, auf einem größeren Schlitten ruht, der längs des großen Gerinnes verschiebbar ist. Der kleine Schlitten kann sich auf dem großen nur senkrecht zur Gerinneachse bewegen. Die Tiefe, in der das Hitzdrahtinstrument sich befinden soll, kann mit Hilfe einer Klemmschraube eingestellt werden.

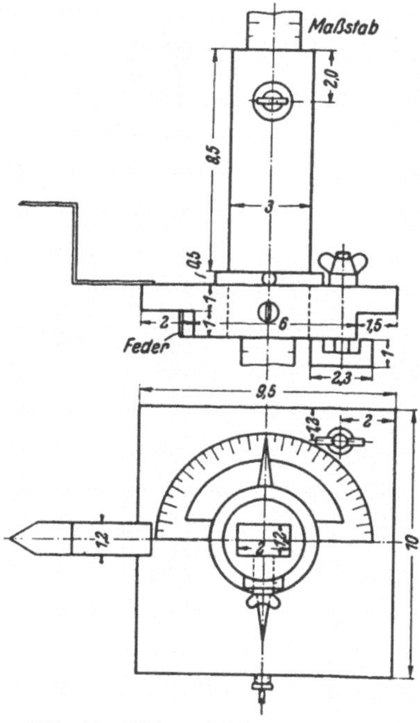

Abb. 11. Kleiner Schlitten. M 1 : 1.

Als Meßquerschnitte in dem oben erwähnten Gerinne sind die 1,5, 3,0, 4,5 und 10,0 m vom Anfang des Gerinnes entfernten gewählt worden, welche mit 1, 2, 3 und 4 bezeichnet wurden. Die Lage der Meßpunkte in den Querschnitten geht aus Abb. 1 hervor. Außer an diesen Punkten wurden im Meßquerschnitt 2 auf der mittleren Horizontalen Messungen in Abständen von je 10 cm vorgenommen. Die Messungsdauer betrug stets 30 sk.

Versuchsergebnisse.

Die Abb. 12a, b, c, d, e, f, g und h stellen die mit Hilfe des Oszillographen aufgenommenen Diagramme dar. Wassertiefe = ungefähr 0,684 m, Wassermenge = 290 l/sk.

Durch den Einfluß der Form des Zulaufbeckens verläuft die Richtung der Wasserströmung kurz nach der Düse nicht symmetrisch zur Kanalachse, sondern mehr nach der linken Kanal-

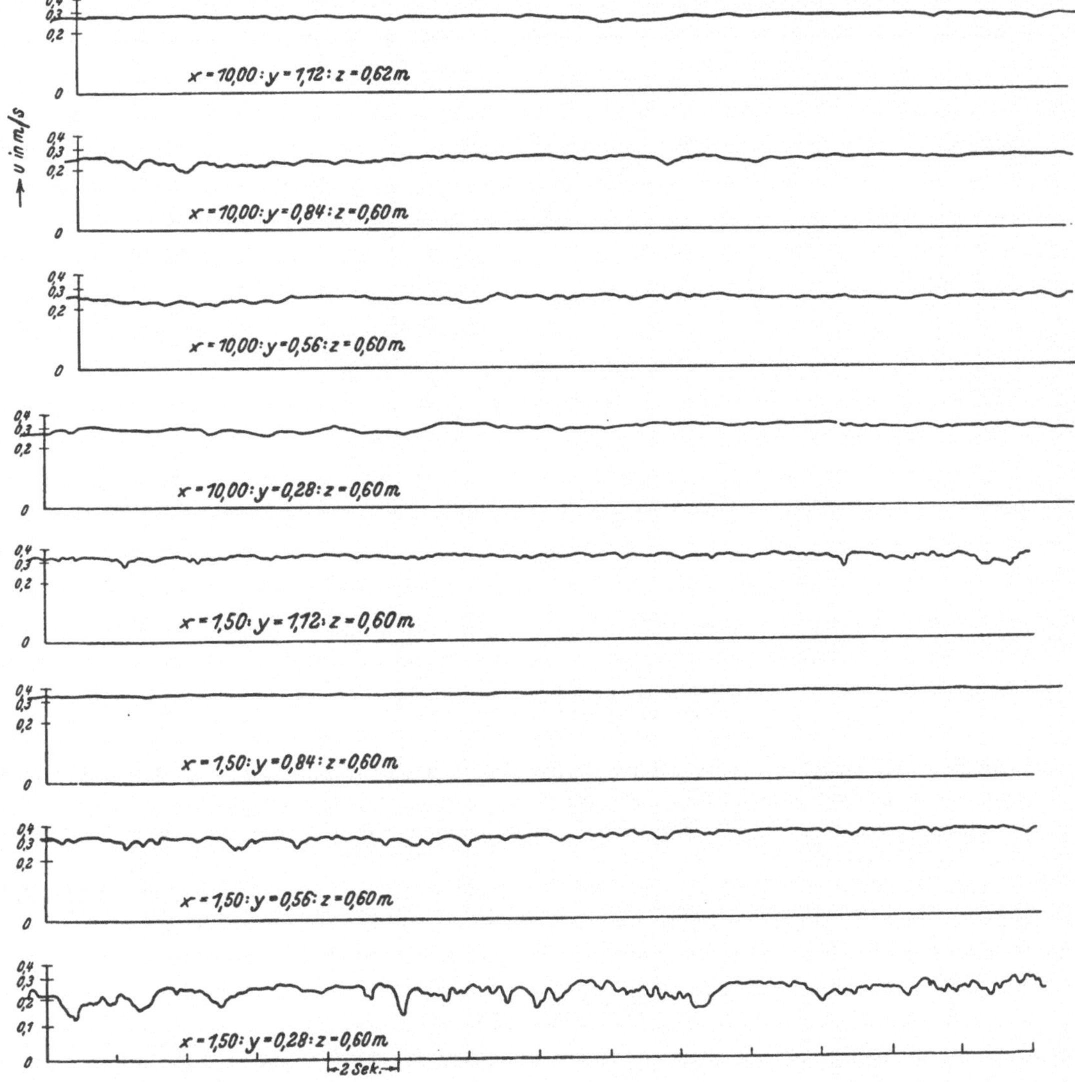

Abb. 12. Die Oszillographendiagramme.
x = Entfernung von der Düse in Stromrichtung,
y = Entfernung von der rechten in Stromrichtung gesehenen Seite des Gerinnes,
z = Höhe der Meßpunkte über dem Boden des Gerinnes.

wandung (in Richtung der Strömung) hin, so daß Diagramme, die an zwei symmetrisch zur Kanal-achse liegenden Punkten aufgenommen wurden, verschiedenen Verlauf der Strömung erkennen lassen (vgl. Abb. 12f und *g*).

In die Diagramme ist links ein Maßstab eingezeichnet, der die den Ordinaten der Oszillogramme entsprechenden Wassergeschwindigkeiten angibt unter der Voraussetzung, daß die Richtung der Geschwindigkeit immer in die Längsrichtung des Kanals fällt. In Wirklichkeit ändert sich aber die Richtung auch. Wie man aus dem Vergleich der Abb. 4 und 7 entnehmen kann, hat beispiels-weise eine Änderung der Richtung um 20° bei unveränderter Größe der Geschwindigkeit dieselbe Wirkung wie eine Verminderung der Geschwindigkeit von etwa 0,4 auf etwa 0,37 m/sk. Das mit nur einem Hitzdraht ausgerüstete Instrument vermag nur die Unruhe der Strömung anzugeben.

Hinweise auf weitere Versuche.

Um die Geschwindigkeiten nach Größe und Richtung erfassen zu können, d. h. um die drei Geschwindigkeitskomponenten angeben zu können, brauchte man ein Instrument mit drei je in

Abb. 13. Das Dreidrähte-Instrument.

eine Wheatstonesche Brücke eingeschalteten Hitzdrähten, wie es in Abb. 13 dargestellt ist, wobei die drei einzelnen Drähte zweckmäßig / wie die Kanten einer dreiseitigen Pyramide / angeordnet wären. Vorversuche auf diesem Gebiete hat der Verfasser bereits unternommen, aber leider war es ihm aus Zeitmangel bis jetzt nicht möglich, in dieser Richtung weiterzuarbeiten.

Man kann die Halbierungszeit noch verkleinern, wenn es gelingt, die gesamte Wärmekapazität zu verringern. Dies ist möglich, wenn die Glasschicht noch dünner gemacht werden kann. Es würde sich lohnen, in dieser Richtung noch weitere Versuche zu unternehmen.

Schlußwort.

Zum Schlusse bleibt mir noch übrig, Herrn Professor Dr. D. Thoma meinen aufrichtigsten Dank auszusprechen für seine Anregungen und Unterstützung bei der Durchführung der Arbeit. Ferner den Herren Dr. A. Hofmann und Ernst Amson für ihre Hilfe bei der Niederschrift in deutscher Sprache.

Tabelle I.

	u in m/s	X in Volt	$R_1 \cdot i_1 =$ V_1 in Volt	i_1 in Ampere	R_1 in Ohm	$R_1' = R -$ Widerstand des Leiters	V_1' in Volt	W in Watt	$(\vartheta_i - \vartheta w)$ Grad	$f(u)\,10^5$ in kcal/sk u. Grad	T in s
1	0,895	0,0205	1,6776	3,7478	0,4476	0,2976	1,1155	4,1805	149,22	1,4067	0,0338
2	0,745	0,0200	1,6782	3,7468	0,4479	0,2980	1,1162	4,1822	149,74	1,3977	0,0339
3	0,650	0,0196	1,6787	3,7460	0,4481	0,2981	1,1168	4,1835	150,15	1,3906	0,0340
4	0,456	0,0185	1,6800	3,7438	0,4487	0,2987	1,1184	4,1871	151,30	1,3712	0,0342
5	0,350	0,0176	1,6810	3,7421	0,4492	0,2992	1,1197	4,1900	152,24	1,3557	0,0344
6	0,280	0,0165	1,6823	3,7399	0,4498	0,2998	1,1213	4,1936	153,38	1,3374	0,0347
7	0,215	0,0150	1,6840	3,7369	0,4506	0,3006	1,1235	4,1984	154,95	1,3130	0,0351

durchschnittlich $\dfrac{1}{T} = 30$ pro s

$\vartheta_a =$ von 86,03 bis 91,30 °C.

Die Energieumsetzung in saugrohrähnlich-erweiterten Düsen.

Von Dr.-Ing. Albert Hofmann †.

I. Allgemeines.

Im Jahre 1837 meldete der Oberbergrat C. A. Henschel in Kassel ein Patent an auf eine Wasserturbine mit achsialem Zu- und Ablauf, eine Konstruktion, die später unter dem Namen „Henschel-Jonval Turbine" bis gegen die Wende des 19. Jahrhunderts eine beherrschende Stellung im Wasserturbinenbau der alten Welt eingenommen hat (Abb. 1). Diese Erfindung bedeutete für die damalige Zeit einen gewaltigen Fortschritt, da bei der Henschel-Jonval Turbine zum ersten Male ein Saugrohr Verwendung finden konnte. Es gelang dadurch den Gefällsverlust zu vermeiden, der durch den Freihang, d. h. durch die wegen der besseren Zugänglichkeit und aus anderen Gründen erwünschte Anordnung des Turbinenlaufrades über dem Unterwasserspiegel, hervorgerufen wird. Aber man erkannte sehr bald, daß neben diesem Gewinne an statischer Energie das Saugrohr auch die Rückgewinnung eines Teiles der kinetischen Energie ermöglicht, die in dem aus dem Laufrad austretenden Wasser enthalten ist, wenn man durch geeignete Formgebung des Saugrohres eine möglichst verlustfreie Verzögerung des Wassers bis zum Saugrohraustritt bewirkte. Die Kleinhaltung der Verluste im Saugrohr war bei der Henschel-Jonval Turbine jedoch infolge der Ringform des Austrittsquerschnittes schwierig; sie ließ sich bei der seit 1873 in Deutschland zur Einführung gekommenen Francisturbine, die einen vollen Wasserstrom in das Saugrohr schickt, viel besser erreichen, wenigstens so lange die spezifischen Drehzahlen niedrig waren. Die Aufgabe war dadurch aber nur vorübergehend gelöst. Denn die Einführung der Francis-Schnelläufer-Turbine um die Jahrhundertwende und die weitere, zum Teil sprunghafte Erhöhung der Schnelläufigkeit in den letzten 15 Jahren durch die Konstruktion der Francis-Expreßläufer, der Propeller- und vor allem der Kaplan-Turbinen, bei denen die Austrittsenergie bis auf 50% des Gefälles hinaufgeht, zwang die Turbinentechnik, dem Saugrohrprobleme besondere Beachtung zu schenken, zumal noch andere Umstände bei hohen spezifischen Drehzahlen erschwerend ins Gewicht fielen. Auch für solche Turbinen würde — wenn man nämlich nicht durch konstruktive und wirtschaftliche Bedingungen beschwert wäre — das lange, gerade, schwach konisch erweiterte Saugrohr am günstigsten sein. In Wirklichkeit kann es häufig nicht ausgeführt werden — bei waagrechter Welle aus naheliegenden konstruktiven Gründen, bei senkrechter Welle deswegen, weil einerseits die zulässige Saughöhe durch die Rücksicht auf die Kavitationsgefahr beschränkt ist, während andererseits eine Entwickelung nach der Tiefe durch die hohen Kosten der Ausschachtungsarbeiten, besonders bei großen Maschinen, wirtschaftlich unmöglich wird. Man ist also häufig genötigt, dem aus dem Laufrade austretenden Wasserstrome schon ziemlich bald nach dem Austritt eine Krümmung aufzuzwingen. Bei Anwendung von Krümmern zeigen jedoch gerade Schnelläufer vielfach einen unverhältnismäßig großen Rückgang des Wirkungsgrades, hervorgerufen durch die Rückwirkung des Krümmers auf die Strömung im Laufrade. Die Entwicklung der Krümmerformen wurde besonders durch den Umstand erschwert, daß eine Krümmer- oder Saugrohrform, die zusammen mit einer bestimmten Laufradtype günstige Ergebnisse geliefert hatte, in Verbindung mit einer anderen oft eine nennenswerte Verschlechterung brachte. Die für die Wechselwirkung zwischen Laufrad und Saugrohr maßgebenden Bedingungen waren und sind zum größten Teil auch heute noch unbekannt. Es wurde daher erforderlich, für jede einzelne Laufradform eingehende Modellversuche mit Saugrohren durchzuführen, eine bei der schnellen Ent-

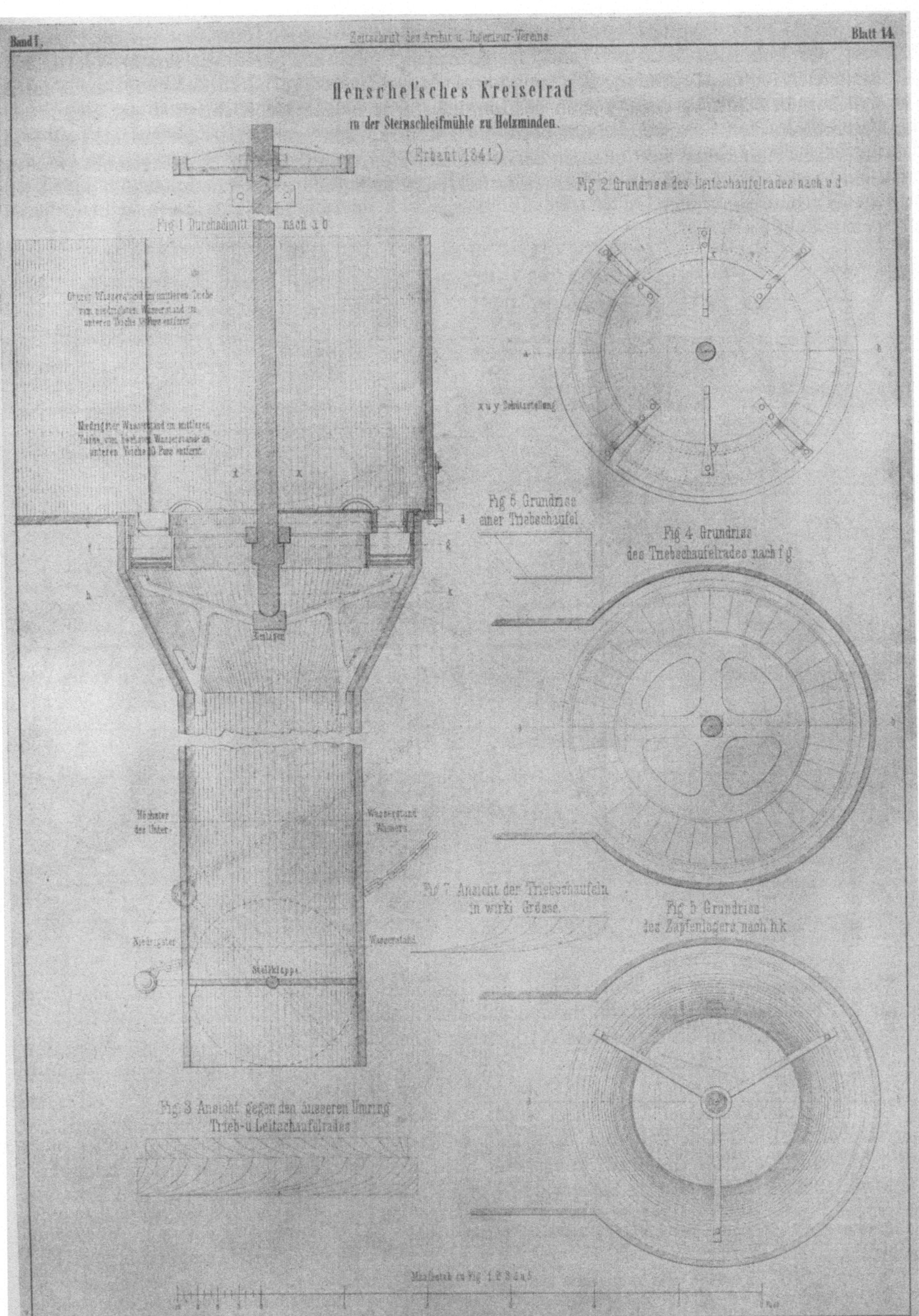

Abb. 1.

wicklung der Laufräder sehr unangenehme, kostspielige Notwendigkeit. Es kommt hinzu, daß von den vielen für die Ausbildung des Saugrohres maßgebenden Veränderlichen einige auch durch die örtlichen Verhältnisse der Anlagen bestimmt werden, so daß die Richtigkeit der Ergebnisse der Versuchsarbeiten nicht nur auf das betreffende Laufrad, sondern darüber hinaus auch auf jene nicht häufigen Fälle beschränkt blieb, in denen die betreffende Laufradform in Anlagen mit gleichen örtlichen Verhältnissen angewendet werden sollte. Allgemein gültige Gesetze lassen sich aus diesen Versuchen kaum ableiten.

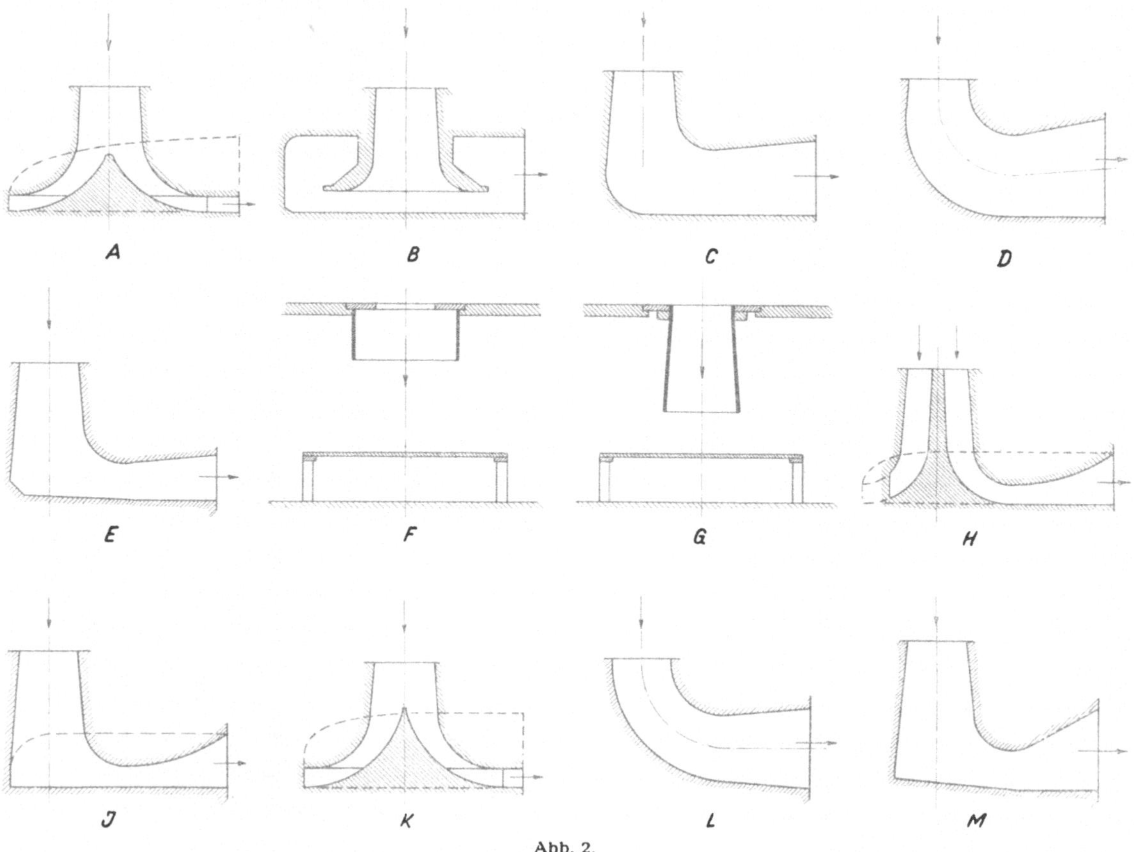

Abb. 2.

Von Untersuchungen aus neuerer Zeit sind besonders die im Auftrage der Alabama-Power Co. für das Kraftwerk Mitchell-Dam im hydraulischen Laboratorium des Worcester Polytechnical Institute durchgeführten beachtenswert (1)[1], ferner die von der Kgl. Schwedischen Wasserfall-Direktion ausgeführten Modellversuche für das Kraftwerk Lilla-Edet (2)[2]. Über beide soll nachstehend kurz berichtet werden, um die Schwierigkeit des Problems erkennen zu lassen.

Bei den amerikanischen Versuchen wurde ein und dasselbe Laufrad (ein Francis-Modell-Laufrad von 267 mm Durchm. und $n_s = 296$) mit zwölf verschiedenen Saugrohrformen nach Abb. 2 untersucht und die Gesamtwirkungsgrade miteinander verglichen. Unter diesen Saugrohren befanden sich zwei Moody-Ausbreitsaugrohre (A und K), ein White-Hydraucone (B), drei Krümmer mit großem äußeren Krümmungsradius (C, D und L), vier Krümmer mit kleinen Außenradien bzw. mit scharfen äußeren Kanten (E, H[3], J und M), ein kurzes zylindrisches Saugrohr mit Stoß-

---

[1] und [2], (1), (2) sowie alle folgenden Nummern siehe Literatur-Verzeichnis S. 14.
[3] Die Saugrohrform H ähnelt zweifellos stark einem Moody-Ausbreitsaugrohr, vor allem durch den bis zum Laufrad-Austritt hochgezogenen Kern, der zwar bei den hier untersuchten Moody-Saugrohren nicht verwendet wurde, wohl aber bei diesen Saugrohren anderwärts oft ausgeführt worden ist. Andererseits unterschei-

platte (*F*), dessen Durchmesser allerdings beträchtlich größer als der Laufrad-Austrittsdurchmesser war, und ein längeres gerades konisches Saugrohr ebenfalls mit Stoßplatte (*G*). Alle Untersuchungen wurden bei gleicher Umdrehungszahl des Laufrades (136/min bezogen auf 1 Fuß Gefälle) durchgeführt, entsprechend der Betriebsdrehzahl der späteren Anlage. Einzelne dieser Saugrohre wurden außerdem noch in mehrfach abgeänderter Form untersucht. Den besten Wirkungsgrad von etwa 88% erhielt man bei dem Krümmer *H* mit scharfer äußerer Kante, an zweiter Stelle lag die Krümmerform *M* ebenfalls mit scharfer Außenkante, dann folgte ein Moody-Ausbreitrohr *K* etwa

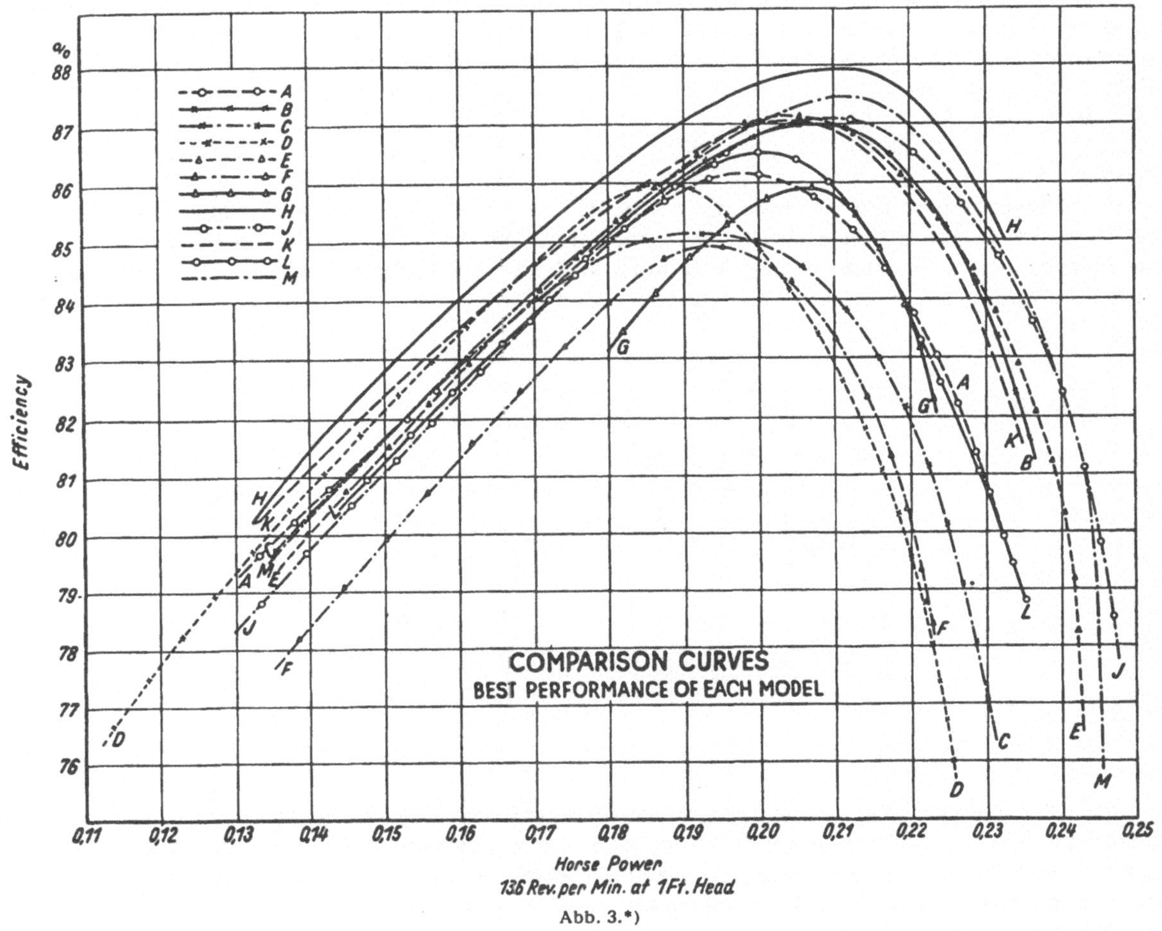

Abb. 3.*)

gleichwertig mit dem White-Hydraucone *B* und einem dritten, außen wieder scharfkantigen Krümmer *E*. Schlecht schnitten die Krümmer *C*, *D* und *L* mit großem Außenradius ab und noch schlechter, wie nicht anders zu erwarten, das kurze zylindrische Saugrohr *F* mit Stoßplatte. Das Gesamtergebnis zeigt die der genannten Veröffentlichung entnommene Abb. 3, worin nur die Einzelergebnisse der jeweils besten Form jeder Saugrohrart enthalten sind.

---

det sie sich auch wieder nennenswert von den Moody-Saugrohren *A* und *K* durch die seitliche Lage der Achse des vertikalen Einlaufteiles gegenüber dem unteren Abflußteile. Im Original ist die Form *H* mit „Concentric tube" bezeichnet gegenüber der Bezeichnung „Moody-spreading tube" der Formen *A* und *K*. Übrigens stammt die Form *H* von einer anderen Firma als die Formen *A* und *K*. Hier wurde die Form *K* als „Krümmer mit scharfer äußerer Kante" bezeichnet, da sie, von dem Kern abgesehen, auch große Ähnlichkeit mit der Krümmerform *J* aufweist.

    *) Entnommen aus C. M. Allen und J. A. Winter, Comparative Tests on experimental Draft-Tubes Transactions Amer. Soc. of Civil Engineers, Band 87 (1924), S. 918.

Die Modellversuche in Lilla-Edet wurden mit einem Francis-Laufrade mit sehr stark erweitertem Kranze durchgeführt und umfaßten außer der Untersuchung im offenen Einbau und mit vier verschiedenen Einlaufspiralen hauptsächlich drei verschiedene Saugkrümmer. Auch hier wurden an jedem Krümmer noch mehrere bauliche Änderungen vorgenommen. Parallel damit liefen Versuche mit kleineren Modell-Laufrädern gleicher Form in der Technischen Hochschule zu Stockholm, wobei jedoch nur ein längeres gerades Saugrohr verwendet werden konnte. Abb. 4 zeigt einen Längsschnitt durch einen der Versuchskrümmer mit dem darüber sitzenden Laufrade, eine Zusammenstellung aus den Abb. 58 und 60 der angegebenen Veröffentlichung. Die drei Saugkrümmer hatten im Austrittsquerschnitt die gleiche Breite; ihre Tiefe, d. h. der Abstand von Unterkante-Leitkanal bis Krümmersohle betrug bei den ersten beiden 885 mm, bei dem dritten 1020 mm. Im übrigen unterschieden sie sich vor allem durch die Art der Erweiterung im Anfangsteile unmittelbar hinter dem Laufrade. Ferner wurden noch Versuche mit je einem White-Hydraucone und einem Moody-Saugrohr unternommen; bei beiden lag die Sohle des Unterwasserkanales wieder 1020 mm unter Unterkante-Leitkanal. Bei diesen Versuchen ergaben zwar die amerikanischen Saugrohrformen etwa das gleiche Wirkungsgradsmaximum wie der beste Krümmer, bei kleineren Beaufschlagungen traten sogar noch etwas höhere Wirkungsgrade auf, dagegen sank die mögliche Höchstleistung nennenswert unter diejenige bei Krümmereinbau. Das Kraftwerk wurde deswegen mit Krümmern ausgerüstet.

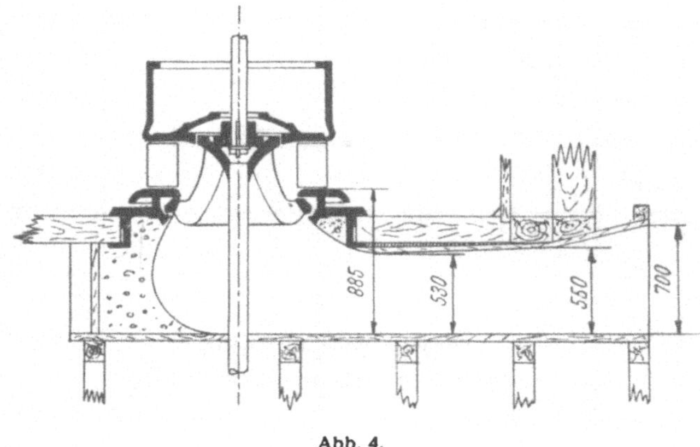

Abb. 4.

Es wäre aber voreilig, aus den genannten amerikanischen und schwedischen Versuchen den Schluß zu ziehen, daß Saugrohre nach Moody oder White allgemein Krümmern unterlegen seien; andere amerikanische Modellversuche, z. B. die für die Anlage Muscle Shoals(3) zeigten eine beachtenswerte Überlegenheit des Ausbreitsaugrohres über alle anderen Typen.

Man sieht, daß die Ergebnisse der an sich wohl recht zuverlässigen Versuche ganz auseinander gehen; die Versuche sind eben mit verschiedenen Laufradformen gemacht worden.

Um die verwickelten Wechselbeziehungen zwischen Laufrad und Saugrohr experimentell zu erforschen, würde eine ungeheuer große Zahl von Versuchen nötig sein, da man dabei nicht nur die Formen der Saugrohre sondern auch die der Laufräder verändern müßte, so daß sich eine große Zahl von Kombinationen ergäbe, von denen jede dann noch für alle praktisch wichtigen Betriebszustände (Drehzahl, Wassermenge usw.) untersucht werden müßte.

Man könnte daran denken, zunächst einmal nur den Einfluß der Geschwindigkeitsverteilung am Laufrad-Austritt zu untersuchen, also einige Laufräder von gleichem Profil und gleicher spezifischer Drehzahl, aber mit verschiedener Verteilung der Austrittsgeschwindigkeiten je mit einigen verschiedenen Saugrohrkrümmern und Ausbreit-Saugrohren zu prüfen. Aber dieser Anfang schon würde einen sehr großen Aufwand an Versuchsarbeit erfordern.

II. Die behandelte Aufgabe.

Für den Anfang empfiehlt es sich aus den angegebenen Gründen, die Aufgabe weiterhin zu vereinfachen und zunächst einmal davon abzusehen, daß in der Mehrzahl der praktischen Fälle der Wasserstrom ziemlich bald nach dem Laufrad-Austritt umgelenkt werden muß, also die Untersuchungen auf gerade Saugrohre zu beschränken. Dieser Fall ist auch praktisch nicht bedeutungslos, denn wenn grundsätzlich der Wasserstrom auch immer aus der Achsenrichtung abgelenkt werden muß, so erfolgt beispielsweise bei einem geraden Saugrohr, welches in einen großen Unterwasserraum ausgießt, diese Ablenkung doch häufig in so großer Entfernung, daß sie auf die Strömung in Turbine und Saugrohr ohne Einfluß bleibt.

Auch bei diesem verhältnismäßig einfachen Fall sind viele praktisch wichtige Fragen noch ganz ungeklärt. Welcher Erweiterungswinkel für das kegelige Saugrohr ist der beste? Ist es zweckmäßig, das Saugrohrende mit einer Auslauf-Abrundung zu versehen (Abb. 5a), oder ist es besser, das Saugrohr einfach scharf endigen zu lassen (Abb. 5b)? Bei Ausführungen findet man meistens die Abrundung, andererseits wird (von D. Thoma) vermutet, daß die Abrundung wegen der Ablösung der Strömung unwirksam und sogar schädlich wirken wird, weil sie die wirksame Länge des Saugrohres verkürzt. Ferner ergibt sich

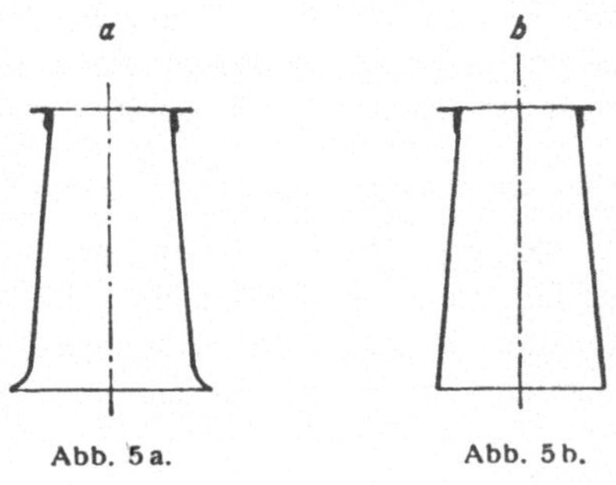

Abb. 5a.   Abb. 5b.

die im Hinblick auf die Kosten des baulichen Teiles wichtige Frage, wie tief die Sohle des Unterwasserraumes sein muß, damit sie die Strömung nicht störe. Oder werden etwa die hydraulischen Verhältnisse sogar gebessert, wenn man die Sohle so hoch legt, daß sie die Strömung im Saugrohr schon merklich beeinflußt?

Die Entscheidung aller dieser und mancher anderer Fragen wird natürlich auch hier grundsätzlich von dem Laufrad der Turbine abhängen. Andererseits ist es wahrscheinlich, daß die Erscheinungen für alle Laufradformen gewisse gemeinsame Züge aufweisen, besonders für den günstigsten Betriebszustand der Turbine, bei dem das Wasser mit ziemlich gleichmäßig verteilter Geschwindigkeit und ohne Drehung in das Saugrohr eintritt. Es liegt also nahe, als Vorarbeit für spätere umfangreichere Arbeiten zunächst einmal den einfachsten Fall zu untersuchen, bei dem das Wasser dem Saugrohr mit ganz gleichmäßiger Geschwindigkeit ohne Drehung zuläuft; dabei ist es natürlich belanglos, auf welche Weise diese gleichmäßige Geschwindigkeit erzielt wird; die Saugrohrwirkung ist nicht mehr vom Laufrad abhängig, das Saugrohr kann also auch ohne Laufrad untersucht werden, indem man die gleichmäßige Eintrittsgeschwindigkeit durch eine Düse bewirkt. Auch kann die Wirkung des Saugrohres in diesem Falle durch eine einzige Zahl, den Saugrohrwirkungsgrad, charakterisiert werden, was im allgemeinen Falle ungleichmäßigen Wassereintrittes nicht möglich ist.

Es kommt hinzu, daß diese einfache gleichmäßige Strömung auch für andere Fälle bedeutsam ist, z. B. wenn es sich darum handelt, dem aus einem Rohr austretenden Wasser die kinetische Energie nutzbar zu entziehen. Über die Strömung in kegelig erweiterten Rohren sind zwar bereits zahlreiche Versuche angestellt worden (4). Aber alle diese Untersuchungen behandeln den Fall, daß das kegelig erweiterte Rohr in ein zylindrisches Rohr ausgießt, während hier der andere Fall interessiert, daß das erweiterte Rohr in einen großen Flüssigkeitsraum ausgießt (z. B. Auslauf einer Dükerleitung). Die Übertragung der erwähnten früheren Untersuchungen auf diesen Fall ist mit Sicherheit nicht möglich, auch stehen hier andere konstruktive Möglichkeiten offen als bei dem Ausguß in ein anschließendes Rohr.

Aber auch bei der Beschränkung auf den einfachen Fall gleichmäßiger und drehungsfreier Wasserzuströmung ist eine sehr große Zahl von Fragen zu untersuchen und ebenso zahlreich sind die konstruktiv möglichen Formen; man steht vor einer ungeheuren Menge konstruktiver Möglichkeiten und unbekannter Erscheinungen.

Um überhaupt vorwärts zu kommen, einen ersten Einblick in die Erscheinungen zu gewinnen und ausgesprochen ungünstige Formen ausscheiden zu können, war es deswegen nötig, den Arbeitsplan für die im folgenden besprochenen Versuche so auszulegen, daß eine möglichst große Zahl verschiedener Formen mit annehmbarem Arbeitsaufwande, wenn auch unter Verzicht auf höchste Genauigkeit und die Berücksichtigung aller Umstände, experimentell untersucht werden konnte. Zunächst konnten durch einen verhältnismäßig kleinen Maßstab der Versuchskörper die Kosten derselben gering gehalten werden. Weiterhin wurde die Arbeit bei den Versuchen selbst dadurch wesentlich vereinfacht, daß die Versuche in einem im Hydraulischen Institut der Technischen Hochschule München vorhandenen, kleinen Turbinenprüfstand gemacht werden konnten. Dadurch wurde ein sehr vollkommenes und schnelles Arbeiten ermöglicht. Die Verschiedenheit der Wirkungsgrade der einzelnen Versuchskörper hatte dabei verschiedene Wassergeschwindigkeiten zur Folge, so daß die Reynold'schen Zahlen sich veränderten und mit steigendem Wirkungsgrade ebenfalls wuchsen. Dies mußte in Kauf genommen werden, konnte auch unbedenklich zugelassen werden, da die Reynoldsschen Zahlen immerhin schon so hoch waren ($\frac{v \cdot d}{v} = 180000$ bis 400000), daß ihr Einfluß gegenüber dem der übrigen Faktoren stark zurücktrat. Im übrigen werden auch bei praktischen Saugrohr-Ausführungen die Reynoldsschen Zahlen um so höher ausfallen, je größer der Wirkungsgrad ist, denn man wird beim Entwurf größere Geschwindigkeiten zulassen, wenn man die Bewegungsenergie mit besserem Wirkungsgrad zurückgewinnen kann[1]).

III. Die Versuchseinrichtung.

Der erwähnte Modell-Turbinenprüfstand, in welchen die Saugrohr-Versuchskörper eingebaut waren, gewährte ein unveränderliches Gefälle von 1 m; die maximal verfügbare Wassermenge betrug 19 l/s. Die Versuchseinrichtung ist in Abb. 6 schematisch dargestellt. Das vom Hochbehälter kommende Wasser fließt durch einige Beruhigungsrechen dem offenen Oberwasserbehälter A zu, dessen oberer Rand von insgesamt 2280 mm Länge als Überfallkante dient, um Schwan-

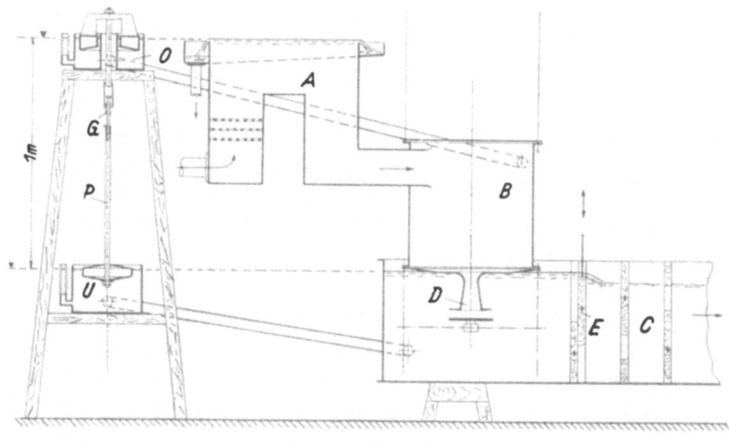

Abb. 6.

<hr>

[1]) Im Gegensatz zu den im Literaturverzeichnis S. 69, unter 4a—e) angegebenen Untersuchungen verfolgte die Arbeit von Reich (5) ursprünglich ähnliche Ziele wie die vorliegende, obgleich dies ihrem Titel nicht entnommen werden kann. Wie der Verfasser aber in seiner Einleitung angibt, war der Zweck der Arbeit die Untersuchung von Saugrohrformen. Dabei „zeigte es sich leider, daß schon der erste Punkt des vorgenommenen Arbeitsplanes zu einer umfangreichen Untersuchung anwuchs, daß auf die Bearbeitung aller anderen vorgesehenen Aufgaben zunächst verzichtet werden mußte." Reich mußte sich daher auf die durch den Titel gekennzeichnete Teiluntersuchung beschränken, die mit dem Problem der Verzögerung des Wasserstromes nur in so losem Zusammenhang steht, daß seine Ergebnisse kaum als Wegweiser für praktische Ausführungen benutzt werden können und die hier behandelten Versuche nicht überflüssig machen.

kungen des Oberwasserspiegels möglichst zu vermeiden. An den Oberwasserbehälter schließt sich der Turbinenkessel B an, in dessen Boden jeweils die Düse D eingebaut wurde. Das abströmende Wasser sammelt sich im Unterwassergerinne C, in dem eine Schütze E die Einstellung der genauen Spiegelhöhe ermöglicht. Auf die Schütze folgen noch einige Beruhigungseinbauten und am Ende des parallelwandigen Gerinnes ein Meßüberfall mit Seitenkontraktion. Dieser wurde aber bei den vorliegenden Versuchen nicht benutzt, da bei seiner Eichung größere Streuungen aufgetreten waren, deren Ursache bisher nicht einwandfrei festgestellt werden konnte. Die Wassermessung erfolgte vielmehr erst hinter dem Überfall in der im Institut üblichen Weise durch Wägung, wobei die Einlaufzeiten in den Waagetank durch einen Bandchronographen aufgezeichnet wurden.

Das Gefälle des Prüfstandes war nur innerhalb sehr enger Grenzen regelbar; es war also nicht möglich, die Reynolds'schen Zahlen durch Änderung des Gefälles nennenswert zu beeinflussen. Deshalb wurde das Gefälle mit Hilfe der Schütze E genau konstant auf 1 m gehalten. Auch die Kontrollvorrichtung für das Gefälle ist der Abb. 6 zu entnehmen. Sie besteht aus einem Ständer, der die Schwimmergefäße O und U trägt. O ist mit dem Turbinenkessel B, also mit dem Oberwasser durch ein 1 zölliges Gasrohr verbunden; in gleicher Weise U mit dem Unterwassergerinne C. In jedem der beiden Gefäße spielt ein Schwimmer; der obere greift mit einem Rohre, in das unten ein Glasröhrchen G eingekittet ist, nach unten und umfaßt die mit dem unteren Schwimmer verbundene Pegelstange P, die oben eine einstellbare Marke trägt. Eine zweite ringförmige Marke ist in das Glasrohr G eingeätzt. Die Eichung des Gefällsanzeigers bzw. die Einstellung beider Marken auf Deckung erfolgte mit Hilfe eines sorgfältig auf genau 1 m abgeglichenen Doppelstechpegels, mit dem die Spiegelhöhen in den beiden an den Schwimmergefäßen O und U befindlichen Standrohren abgetastet wurden. Mit diesem Gefällsanzeiger war es leicht möglich, jederzeit während der Versuche das Gefälle zu kontrollieren und nötigenfalls zu berichtigen.

Die Versuche wurden in der Weise durchgeführt, daß für jede Kombination von Düsenform, Stoßplattengröße und Stoßplattenabstand das Gefälle mittels der Unterwasserschütze auf genau 1 m einreguliert und der Beharrungszustand abgewartet wurde. Nach Eintritt desselben wurden unter ständiger Kontrolle des Gefälles für jede dieser Kombinationen wenigstens zwei Wassermessungen vorgenommen, bei auftretenden größeren Unterschieden der Wassermengen entsprechend mehr, wobei offensichtliche Fehlmessungen ausgeschieden wurden. Stärkere Schwankungen der Wassermenge und des Gefälles zeigten sich nur bei der sehr stark erweiterten Düse (siehe S. 19), bei allen übrigen Versuchen überstiegen die Gefällsschwankungen während eines Versuches niemals 1 mm, also 0,1%. Die größten Abweichungen der einzelnen Wassermengen innerhalb eines Versuches betrugen etwa 0,3%.

IV. Die Versuchskörper.

Die Höchstwassermenge von 19 l/s bestimmt die Größe des engsten Düsenquerschnittes; bei Annahme eines maximalen Wirkungsgrades von 90% ergibt sich im engsten Querschnitt eine Wassergeschwindigkeit von etwa 12,5 m/s und damit errechnet sich der Durchmesser d zu 44 mm. Ausgeführt wurde $d = 45$ mm.

Untersucht werden sollte der Einfluß der konischen Erweiterung der Düsen, der Einfluß der Abrundung am Düsenende und der einer senkrecht zur Düsenachse stehenden Stoßplatte in bezug auf Größe und Abstand. Die Form der für die Strömung wichtigen Teile der Düsen geht aus Abb. 7 hervor. Konstant gehalten wurde bei allen Düsen die Gesamtlänge $= 3,55\,d$, die Form des Mundstückes (bestehend aus VDI-Düse mit anschließendem zylindrischen Mittelteil, Gesamtlänge $= 1,1\,d$) und damit die Länge des Endteiles $= 2,45\,d$, ferner der Durchmesser des Endflansches $= 4\,d$. Geändert wurde D/d und a/d, also Durchmesser und Abstand der Stoßplatte, ferner der Neigungswinkel des Kegelmantels im Endteile gegen die Vertikale und R/d, d. h. der Abrundungsradius am Düsenende.

Die Konstruktionsform einer Düse zeigt Abb. 8, Abb. 9 den Einbau einer Düse im Turbinenkessel B. Durch einen Einsatzring war dafür gesorgt, daß der seitliche Zufluß nicht durch Un-

4*

ebenheiten des Kesselbodens gestört wurde. Um auch eine etwaige Wirbelbildung vor der Düse zu unterdrücken, war im Kessel ein bis nahe an den Düsenmund herabreichendes Kreuzblech angebracht, dessen untere Kanten im mittleren Teile, also unmittelbar vor dem Düsenmund, beiderseits unter 30⁰ scharf zugefräst waren.

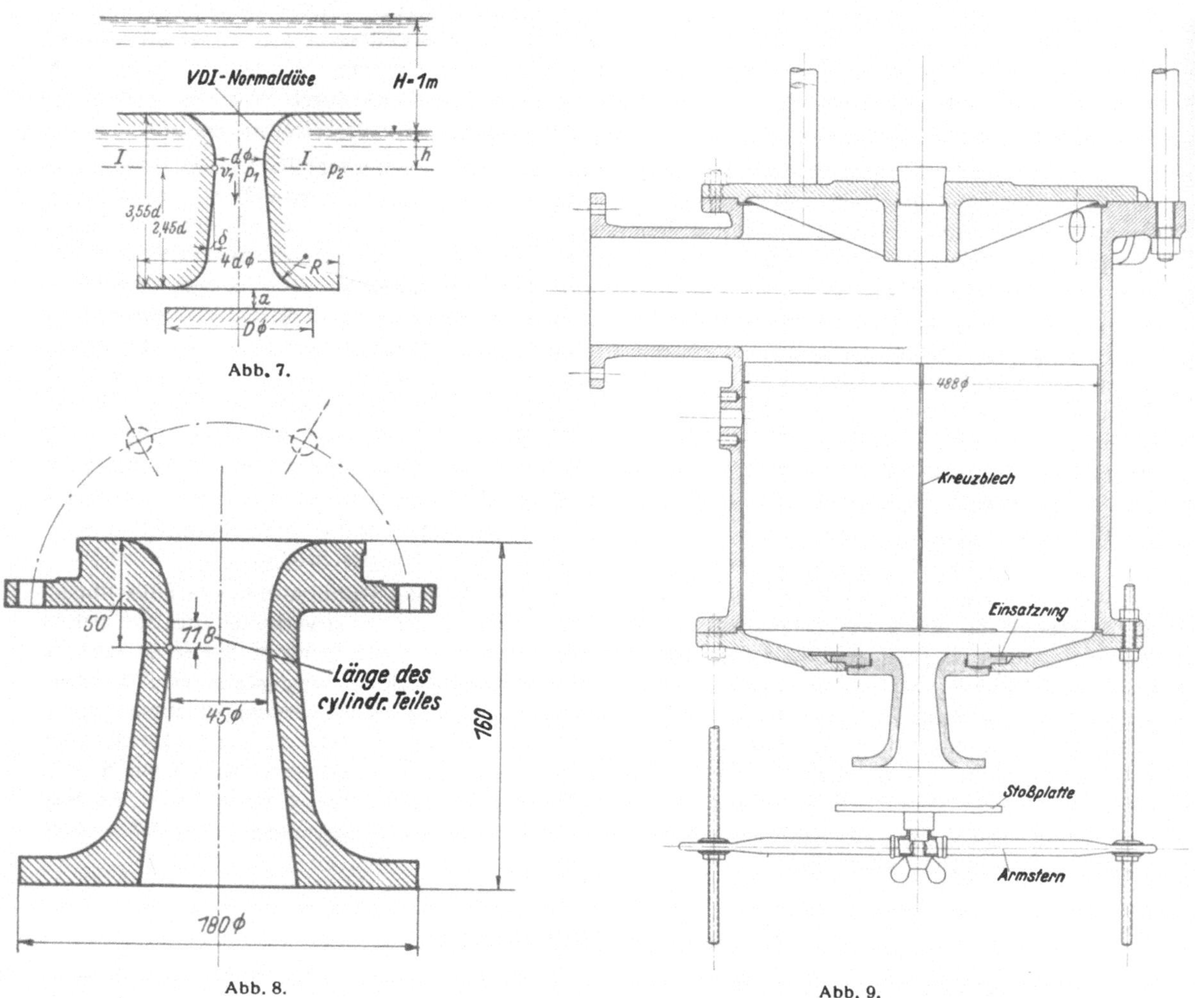

Die Stoßplatten ruhten mit einem, an ihrer Unterseite befindlichen zylindrischen, zentralen Zapfen in einem Lager in der Mitte des aus Gasrohren bestehenden Armsternes; durch eine Flügelmutter konnten die Platten festgehalten werden. Der Armstern selbst hing an vier Gewindespindeln, die mit dem Außenflansch des Kesselbodens durch Mutter und Gegenmutter verbunden waren. Durch Verstellen dieser Muttern konnte der Armstern mit der Stoßplatte gehoben oder gesenkt werden. Die Kontrolle des Abstandes zwischen Stoßplatte und Düsenendflansch erfolgte mittels Tasters und Schublehre an drei um 120⁰ versetzten Punkten des Umfanges der Stoßplatte.

Abb. 10 bringt ein Lichtbild der untersuchten Düsen 1—6 sowie der vier für die Saugrohrversuche verwendeten ebenen Stoßplatten $D = 2\,d$, $= 3\,d$, $= 4\,d$ und $= 5\,d$. Ferner sind auf dem Bilde noch zwei Stoßplatten von $D = 4\,d$ zu sehen, deren Flächen schwach kegelig sind (die eine erhaben, die andere vertieft), mit denen einige Nebenversuche gemacht wurden. Darüber wird unten berichtet werden. Die oben rechts befindliche Düse wendet dem Beschauer den Einlauf zu, alle anderen lassen die Austrittsform erkennen.

Abb. 10.

Alle Düsen und Stoßplatten wurden sorgfältig bearbeitet, fein geschlichtet und poliert, um außer genauer Form eine geringe und möglichst gleichmäßige Rauhigkeit aller vom Wasser benetzten Oberflächen zu erzielen. Die beim konischen Ausdrehen entstehende Kante am Ende des zylindrischen Düsenteiles wurde durch Abrunden beseitigt.

V. Der „Wirkungsgrad" der Düsen.

Der Begriff des Saugrohr- oder Düsenwirkungsgrades für nicht kompressible Medien ist in der Literatur nicht scharf umrissen. Camerer (6) verwendet den Ausdruck „Saugrohrwirkungsgrad" überhaupt nicht; er bestimmt nur unter gewissen Annahmen die Zunahme des Gesamtwirkungsgrades der Turbine bei Verwendung eines konisch erweiterten Saugrohres gegenüber einem zylindrischen von gleicher Länge und gleichem Eintrittsdurchmesser zu $\dfrac{c_2{}^2 - c_4{}^2}{2\,g \cdot H}$, worin c_2 die Austrittsgeschwindigkeit aus dem Laufrade, c_4 die aus dem Saugrohre und H das Gesamtgefälle bedeutet.

Escher (7) bezeichnet als Saugrohrwirkungsgrad das Verhältnis zwischen der wirklich erreichten Druckumsetzung H_p und der bei verlustloser Strömung theoretisch möglichen, er setzt also

$$\eta_\varepsilon = \frac{2 \cdot g \cdot H_p}{c_2{}^2 - c_4{}^2} .$$

Bezeichnungen wie oben. Gegen die Eschersche Definition ist einzuwenden, daß es nicht berechtigt erscheint, die kinetische Austrittsenergie $\dfrac{c_4{}^2}{2 \cdot g}$, die in den allermeisten Fällen als verloren zu betrachten ist, dem Saugrohr im Sinne einer Verbesserung des Wirkungsgrades gutzuschreiben. Auch ist dem Konstrukteur die Wahl von c_4 oft in weiten Grenzen freigestellt. Schließlich ist diese Formel auch deswegen abzulehnen, weil sie für die nicht erweiterte zylindrische Düse den unbestimmten Wert 0/0 liefert. Deshalb wurde hier davon abgesehen, $\dfrac{c_4{}^2}{2\,g}$ dem Wirkungsgrad gutzuschreiben.

Als „Anfang" des Saugrohres wurde bei den vorliegenden Untersuchungen der unterste, in Abb. 7 mit I bezeichnete, Querschnitt des zylindrischen Mittelteiles angesehen. Im Hinblick auf die im vorigen Absatz dargelegten Erwägungen wurde somit der Wirkungsgrad des Saugrohres oder, genauer gesagt, desjenigen Teiles der untersuchten Düsen, der aus dem auf das zylindrische Mittelstück in der Strömungsrichtung nachfolgenden Endteile besteht, definiert als das Verhältnis der wiedergewonnenen Druckhöhe zu der Geschwindigkeitshöhe im Querschnitt I, mit den Bezeichnungen der Abb. 7 also zu

$$\eta = \frac{h - \dfrac{p_1}{\gamma}}{v_1{}^2/2\,g} \quad \cdot \cdot \cdot \cdot \cdot \cdot \cdot \cdot \cdot \cdot \cdot \cdot \cdot \cdot \cdot \quad (1)\,[1]$$

wobei p_1 gleich dem Überdruck im Querschnitt I und v_1 gleich der mittleren Geschwindigkeit in diesem Querschnitte sind[2].

VI. Die Messung des Wirkungsgrades.

Eine unmittelbare Bestimmung des Wirkungsgrades würde die Messung des Druckes p_1 notwendig gemacht haben, die aber aus verschiedenen Gründen untunlich erschien. Einmal hängt erfahrungsgemäß die Druckanzeige etwas von der Form der Anbohrungen ab; der Haupteinwand gegen eine direkte Druckmessung am Rande gründet sich jedoch auf den Umstand, daß die Geschwindigkeit in dem fraglichen Querschnitt noch nicht ganz gleichmäßig verteilt ist; der Druck

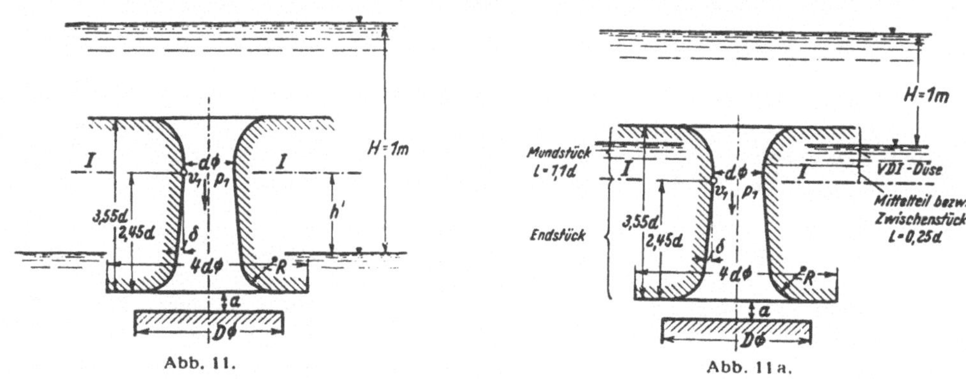

Abb. 11.   Abb. 11a.

am Rande ist deswegen kleiner als der Mittelwert über den ganzen Querschnitt. Durch Vorschaltung einer längeren zylindrischen Rohrstrecke hätte sich zwar dem abhelfen lassen, doch würden dadurch wieder andere Störungsquellen entstanden sein.

Da die Versuchseinrichtung es gestattete, das an der Düse wirksame Gesamtgefälle (1 m) und die sekundliche Wassermenge sehr genau zu messen, und da auch die Düsendurchmesser sehr genau bestimmt werden konnten, wurde die Berechnung des Druckunterschiedes $\gamma \cdot h - p_1$ aus den obigen Daten der direkten Messung vorgezogen. Dazu ist allerdings die Kenntnis der Ausflußziffer des aus dem zylindrischen Mittelteil und der vorgeschalteten Normaldüse bestehenden Mundstückes notwendig (siehe Abb. 11 a). Die Ausflußziffern der Normaldüsen sind für den Fall, daß sie in Rohrleitungen eingeschaltet sind, zwar genügend genau bekannt; aber für den hier

---

[1] Bezeichnet p_2 noch den Überdruck über die Atmosphäre im freien Wasser hinter der Düse in der Höhe des Querschnittes I, so ist $p_2/\gamma = h$ und η wird $= \dfrac{(p_2 - p_1)/\gamma}{v_1{}^2/2\,g}$.

In dem vorläufigen Bericht im Heft III der Mitteilungen des Hydraulischen Institutes war infolge eines Druckfehlers für η der reziproke Wert $\dfrac{v_1{}^2/2\,g}{(p_2 - p_1)/\gamma}$ angegeben.

[2] Bei allen hier behandelten Untersuchungen lag wie in Abb. 6 der Anfangsquerschnitt I um die Höhe h unter dem U.W.-Spiegel. In den meisten praktischen Fällen liegt dagegen der Saugrohranfangsquerschnitt um h' höher als der U.W.-Spiegel. An der Definition des Wirkungsgrades nach Gl. (1) ändert sich dadurch prinzipiell nichts (Abb. 10). Es ist dann nur $h = - h'$ in die Gl. (1) einzuführen, wodurch man dann

$$\eta = \frac{-h' - \dfrac{p_1}{\gamma}}{v_1{}^2/2\,g} \quad \cdot \cdot \cdot \cdot \cdot \cdot \cdot \cdot \cdot \cdot \cdot \cdot \cdot \cdot \cdot \quad (1\,a)$$

erhält.

vorliegenden Fall, daß das Wasser der Düse aus einem großen Gefäße zufließt und daß das Mundstück außer der Normaldüse noch ein anschließendes zylindrisches Stück umfaßt, schien eine gesonderte Bestimmung wünschenswert. Sie wurde auf Grund der mit einer rein zylindrischen Düse ohne Abrundung und ohne Stoßplatte erhaltenen Versuchswerte vorgenommen; die Wandreibung in dem hier zylindrischen Endteile von 2,45 d Länge, die übrigens einen verhältnismäßig geringen Einfluß ausübt, wurde dabei rechnerisch berücksichtigt und zwar wurde im Hinblick auf die sorgfältige Bearbeitung der Düsen (vgl. S. 53) der Wert von λ $\left(\text{in der Gleichung } h_w = \dfrac{L}{d} \cdot \dfrac{v'^2}{2\,g} \cdot \lambda\right)$ gleich 0,01 gesetzt. Dann ist:

$$Q' = \mu \cdot F \cdot \sqrt{2\,g \cdot (H - h_{w\,zyl.})}$$
$$= \mu \cdot F \cdot \sqrt{2\,g \cdot \left(H - \frac{L}{d} \cdot \frac{v'^2}{2\,g} \cdot \lambda\right)} \quad \dots \dots \dots \quad (2)$$

und damit

$$\mu = \frac{Q'}{F \cdot \sqrt{2\,g \cdot \left(H - \dfrac{L}{d} \cdot \dfrac{v'^2}{2\,g} \cdot \lambda\right)}} \quad \dots \dots \dots \quad (3)$$

Q' war zu 6,856 l/s ermittelt. Mit $F = 0,159$ dm² ergibt sich $v' = 4,312$ m/s und mit $L = 110$ mm und $d = 45$ mm erhält man $\mu = 0,985$. Daß dieser Wert erheblich über dem von Jakob und Erk für die gleiche VDI-Düse gefundenen Werte von ungefähr 0,96 liegt, ist durch den Umstand verursacht, daß die Geschwindigkeit beim Austritt aus der VDI-Düse ungleichmäßig ist, und daß bei dem normalen Einbau dieser Düse der Strahl nachher noch eine geringe Kontraktion erleidet[1], die aber bei dem hier vorliegenden Einbau durch das anschließende zylindrische Mittelstück rückgängig gemacht wird. Der Geschwindigkeitsausgleich wird allerdings in diesem nur etwa 0,25 d langen Zwischenstück nicht vollständig sein, so daß das anschließende Endstück von 2,45 d Länge die in den Geschwindigkeits-Unterschieden steckende Energie teilweise ausgenützt hat. Wenn man auch für die Auswertung der Versuche mit den erweiterten Düsen diesen hohen Wert von $\mu = 0,985$ einführt, verlangt man gewissermaßen auch von diesen Düsen, daß sie die in den Geschwindigkeits-Unterschieden enthaltene Bewegungsenergie ebenfalls ausnützen sollen. Dies ist jedenfalls ein Schritt in der rechten Richtung, denn bei den meisten praktischen Anwendungen — sowohl bei Turbinensaugrohren als auch in anderen Fällen — werden die Geschwindigkeitsunterschiede beim Eintritt in das Saugrohr bzw. die Saugdüse mindestens ebenso groß sein, als sie es bei dem vorliegenden Mundstücke sind. Die Fähigkeit einer Düse, auch Geschwindigkeitsunterschiede auszunützen, ist deswegen praktisch nicht bedeutungslos und verdient es, bei der vergleichenden Messung verschiedener Formen mit herangezogen zu werden.

Die mittlere Geschwindigkeit in dem Querschnitt I der jeweilig untersuchten Düse sei v_1; dann ist:

$$v_1 = \mu \cdot \sqrt{2\,g \cdot \left(H + h - \frac{p_1}{\gamma}\right)}$$

$$\frac{v_1^2}{\mu^2 \cdot 2\,g} = H + h - \frac{p_1}{\gamma}$$

$$h - \frac{p_1}{\gamma} = \frac{v_1^2}{\mu^2 \cdot 2\,g} - H$$

$$\frac{h - \dfrac{p_1}{\gamma}}{v_1^2/2\,g} = \frac{\dfrac{v_1^2}{\mu^2 \cdot 2\,g} - H}{v_1^2/2\,g} \quad \dots \dots \dots \dots \dots \quad (4)$$

Die linke Seite der Gl. (4) ist nach Gl. (1) aber nichts anderes als der gesuchte Wirkungsgrad η;

---

[1] Siehe S. 22 der Jakob- und Erkschen Arbeit (Literaturverzeichnis Nr. 8).

somit wird

$$\eta = \frac{1}{\mu^2} - \frac{H}{v_1^2/2\,g} \qquad\qquad\qquad\qquad (5)$$

Da

$$v_1 = \frac{Q_1}{F}, \text{ ist } v_1^2 = \frac{Q_1^2}{F^2} \text{ und } \frac{v_1^2}{2\,g} = \frac{Q_1^2}{2\,g\cdot F^2},$$

damit wird

$$\eta = \frac{1}{\mu^2} - \frac{H\cdot 2\,g\cdot F^2}{Q_1^2}$$

$$= k_1 - \frac{k_2}{Q_1^2} \qquad\qquad\qquad\qquad (5\,a)$$

Einsetzen der Zahlenwerte ($\mu = 0{,}985$, $H = 10$ dm, $g = 98{,}1$ dm/s^2 und $F = 0{,}159$ dm^2) liefert $k_1 = 1{,}031$ und $k_2 = 49{,}6$ l^2/s^2.

Damit wird schließlich

$$\eta = 1{,}031 - \frac{49{,}60}{Q_1^2} \qquad\qquad\qquad\qquad (5\,b)$$

wobei Q_1 in l/s einzusetzen ist [1]).

VII. Die Versuchsergebnisse.

Im ganzen wurden 1139 verschiedene Kombinationen untersucht mit etwa 2500 Einzelwassermessungen.

a) Wirkungsgrad abhängig vom Erweiterungswinkel ohne Abrundung und ohne Stoßplatten.

Diagramm Abb. 12 zeigt η in Abhängigkeit des Erweiterungswinkels δ (Winkel zwischen Kegelmantel und der Vertikalen) bis zu dem Extremwerte $\delta = 45^0$. R war hier immer gleich Null, die Austrittskante also scharfkantig. Beachtenswert ist die Höhe von fast 80% des dabei erreichten Wirkungsgrades, sowie die Lage des höchsten Wirkungsgrades bei $\delta = 8{,}5^0$, wobei die Winkel 8^0 und 9^0 fast noch gleich gute Werte lieferten. Die allgemeine Annahme, daß bei Erweiterungswinkeln von 6^0 und 7^0 an bereits Ablösungen und damit Unstabilitäten der Strömung in der Düse eintreten würden, wird für den vorliegenden Fall durch die stetige Form der η-Kurve bis zu etwa $\delta = 11^0$ nicht bestätigt; erst bei noch größeren Erweiterungswinkeln treten Unstabilitäten der

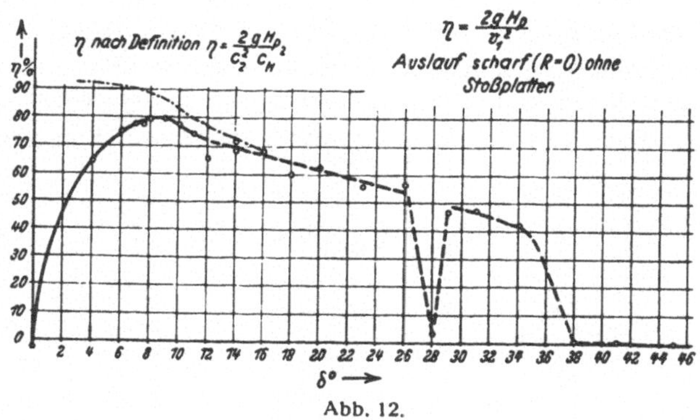

Abb. 12.

---

[1]) Der Durchmesser des zylindrischen Teiles betrug i. M. bei

	Düse I	Düse II	Düse III	Düse IV	Düse V
$d =$	45,00	45,07	45,03	45,07	45,08 mm.

Rechnet man mit einem mittleren Durchmesser, so ergeben sich Fehler in der Berechnung von η, die selbst wieder Funktionen von η sind. Bei den vor allem interessierenden hohen Wirkungsgraden ist der Fehler jedoch kleiner als 0,1%, und auch bei kleinen Wirkungsgraden beträgt er nur etwa 0,5%. Man kann die Abweichungen der Durchmesser also vernachlässigen.

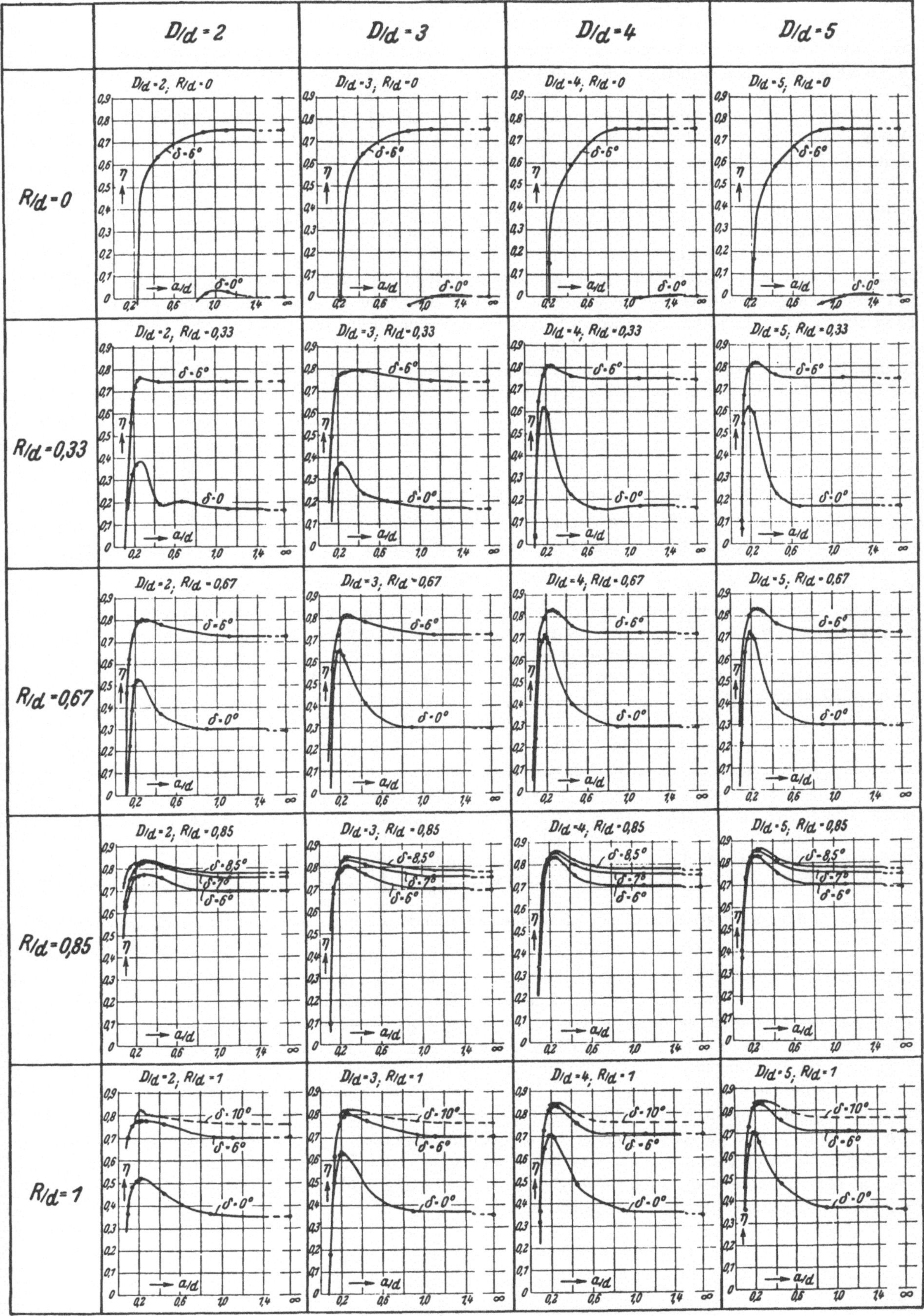

Abb. 13.

Strömung und damit Streuungen der η-Werte auf. Diese letzteren bewegen sich zunächst noch in kleineren Grenzen, wobei leichte Schwankungen der Unterwasserspiegelhöhe und damit des Gefälles auftraten; bei $\delta = 26^{\circ}$ werden die Schwankungen des Wirkungsgrades sehr groß, z. B. ist bei 28° η auf 3,4% gefallen, um wieder auf 47,3% bei 31° zu steigen. Bei noch größeren δ-Werten nähert sich η schließlich dem Nullwerte. Bei $\delta = 29^{\circ}$ sank während des Versuches trotz ständigen Nachregulierens des Gefälles die Durchflußmenge von 9,96 l/s auf 8,72 l/s herab, der eingetragene Punkt entspricht dem Mittelwerte. Es tritt also, wie zu erwarten war, mit immer weiter steigendem δ eine zunächst noch pendelnde, schließlich fast völlige Ablösung des Strahles von der Wand im erweiterten Düsenteile auf, so daß der Strahl fast frei durch den Konus hindurchschießt und die erweiterte Düse nur ähnlich einer zylindrischen wirkt. Die von Gibson (9) erstmalig gefundene Tatsache, daß beim Übergang von einem kleinen Rohrdurchmesser auf einen größeren mit einem Neigungswinkel von etwa 35° der Verlust nennenswert größer ist als bei plötzlicher Erweiterung ($\delta = 90^{\circ}$) und je nach dem Verhältnis der Rohrdurchmesser bis zu 122% des Carnotschen Stoßverlustes betragen kann, wird hier für frei ausgießende erweiterte Rohre nicht bestätigt. In dem Diagramm Abb. 12 ist für kleinere Erweiterungswinkel noch die Wirkungsgradkurve nach der Escherschen Definition eingetragen, die für kleine δ-Werte wesentlich höher liegt als die Kurve

$$\eta = \frac{h - \dfrac{p_1}{\gamma}}{v_1^2/2\,g}.$$

b) Versuche mit Stoßplatten.

Bei Versuchen mit Stoßplatten wächst die Zahl der Veränderlichen auf 5 (4 unabhängige δ, R/d, a/d und D/d, sowie eine abhängige η). Die Darstellung in einem Diagramm ist dann nicht mehr möglich. Eine Zusammenstellung der wichtigsten Ergebnisse zeigt Abb. 13. Ursprünglich waren nur die vier Abrundungen $R/d = 0$, $= 0{,}33$, $= 0{,}67$ und $= 1{,}0$ vorgesehen. Da sich in der Nähe des besten Wirkungsgrades die beiden letzteren als fast gleichwertig erwiesen, wurde noch die Abrundung $R/d = 0{,}85$ etwa in der Mitte zwischen $R/d = 0{,}67$ und $1{,}0$ eingefügt, die auch die Optima ergab. Es war jedoch nicht möglich, mit dieser als beste erkannten Abrundungsform die anderen Düsenformen nachträglich zu untersuchen, da dazu die Anfertigung neuer Düsen erforderlich geworden wäre. Die vorhandenen Düsen waren vorher bereits mit dem größeren Abrundungsradius $R = d$ ausgedreht worden.

Auf den Diagrammen Abb. 13 fällt sofort der große Einfluß des Stoßplattenabstandes auf die Größe des Wirkungsgrades ins Auge. Nur bei nicht abgerundetem Düsenaustritt wächst η dauernd mit zunehmendem Plattenabstande bis zu seinem Höchstwerte an, bei Vorhandensein einer Abrundung zeigt sich jedoch sofort ein ausgesprochenes Maximum der η-Kurven, das bei allen untersuchten Formen bei einem a/d zwischen 0,2 und 0,3 liegt. Die Schärfe dieses Maximums ist bei kleinen Erweiterungswinkeln und großen Stoßplattendurchmessern am größten.

Für sehr kleine Plattenabstände werden die Wirkungsgrade negativ, d. h. es wird Q_1 so klein, daß $\dfrac{49,60}{Q_1^2}$ größer wird als 1,031; dann steigt mit wachsendem a/d die η-Kurve sehr steil bis zum Maximum an, fällt dann etwas ab und nähert sich sehr bald einem von a/d unabhängigen Grenzwerte. Bei zylindrischer Düse ohne Abrundung ist η immer negativ oder gleich Null.

Zur weiteren Sichtbarmachung des Einflusses der verschiedenen Veränderlichen sind die Ergebnisse der einzelnen Versuche in den Diagrammen Abb. 14—23 und 26—28 teils anders zusammengestellt, teils in geänderter Form aufgetragen. Diese Diagramme zeigen jedesmal die Abhängigkeit des Wirkungsgrades von zwei unabhängigen Veränderlichen, während die beiden anderen für jedes Diagramm konstant sind. Die Staffelung der einzelnen η-Kurven ist mit konstantem Abstande voneinander durchgeführt (10 mm nach unten und nach rechts, in Abb. 14—22, 15 mm in Abb. 23 und 26—28). Die über der 75%-Ebene liegenden, von den η-Kurven eingeschlossenen senkrechten Flächenstücke sind angelegt, die dazu normalen Ebenen gleicher Plattenabstände bzw. gleicher Plattendurchmesser oder gleicher Erweiterungswinkel sind, soweit sie über der 75%-Ebene liegen, perspektivisch angedeutet.

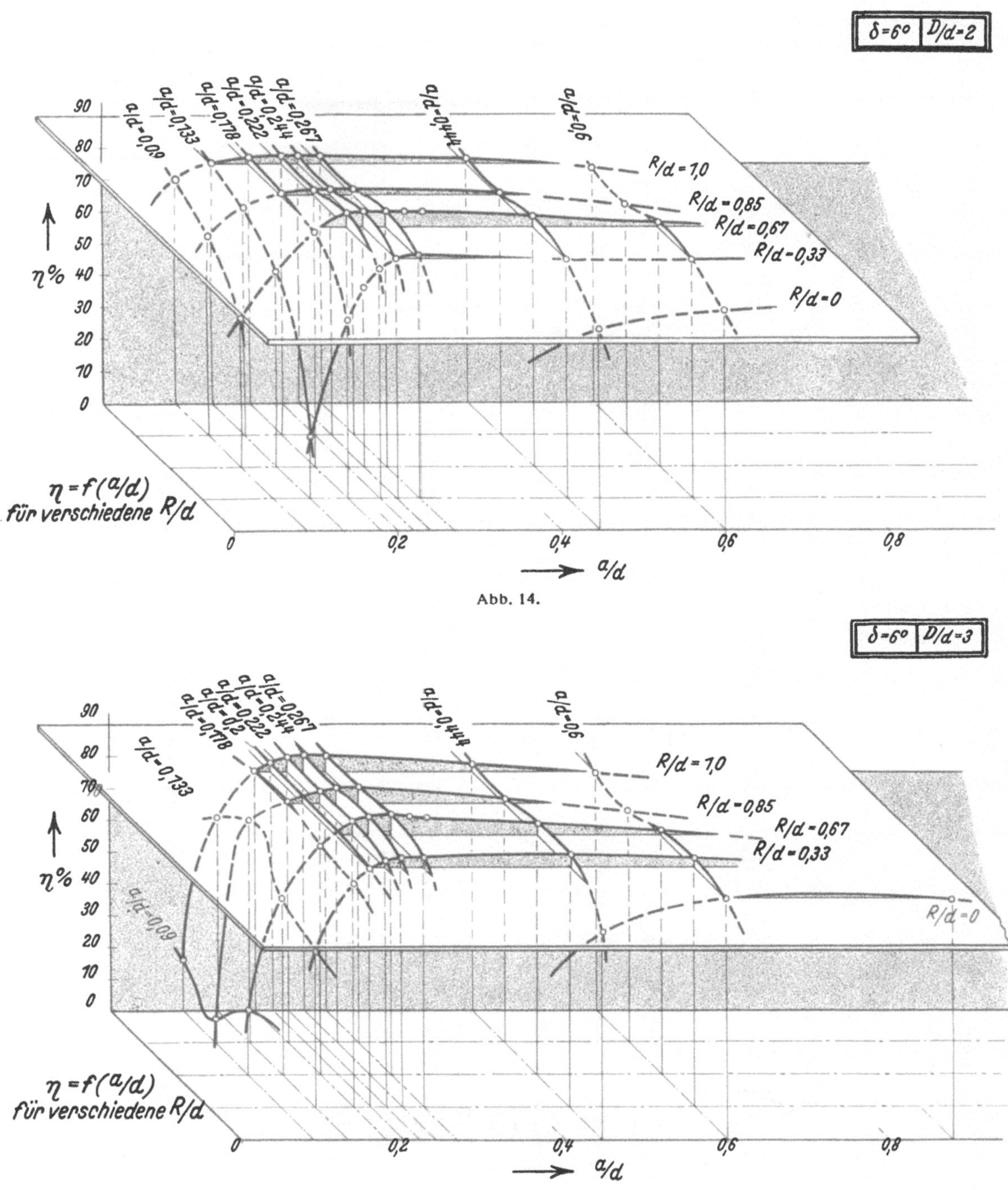

Abb. 14.

Abb. 15.

c) **Wirkungsgrad abhängig vom Stoßplattenabstand für konstanten Erweiterungswinkel, verschiedene Abrundungen und verschiedene Stoßplatten-Durchmesser.**

In den Diagrammen Abb. 14—17 ist η abhängig vom Plattenabstandsverhältnis a/d und vom Abrundungsverhältnis R/d für den konstanten Erweiterungswinkel $\delta = 6^{\circ}$ dargestellt. Jedes dieser Diagramme gilt nur für einen bestimmten, auf dem Diagramm angegebenen Stoßplattendurchmesser. Der beste Wirkungsgrad liegt immer bei dem gleichen $R/d = 0,67$, er nimmt zu mit wachsender Plattengröße von ca. 80% bei $D = 2\,d$ bis etwa 84% bei $D = 5\,d$. Bei großen Stoßplatten sinkt jedoch mit wachsendem Plattenabstande der Wirkungsgrad schneller unter 75%

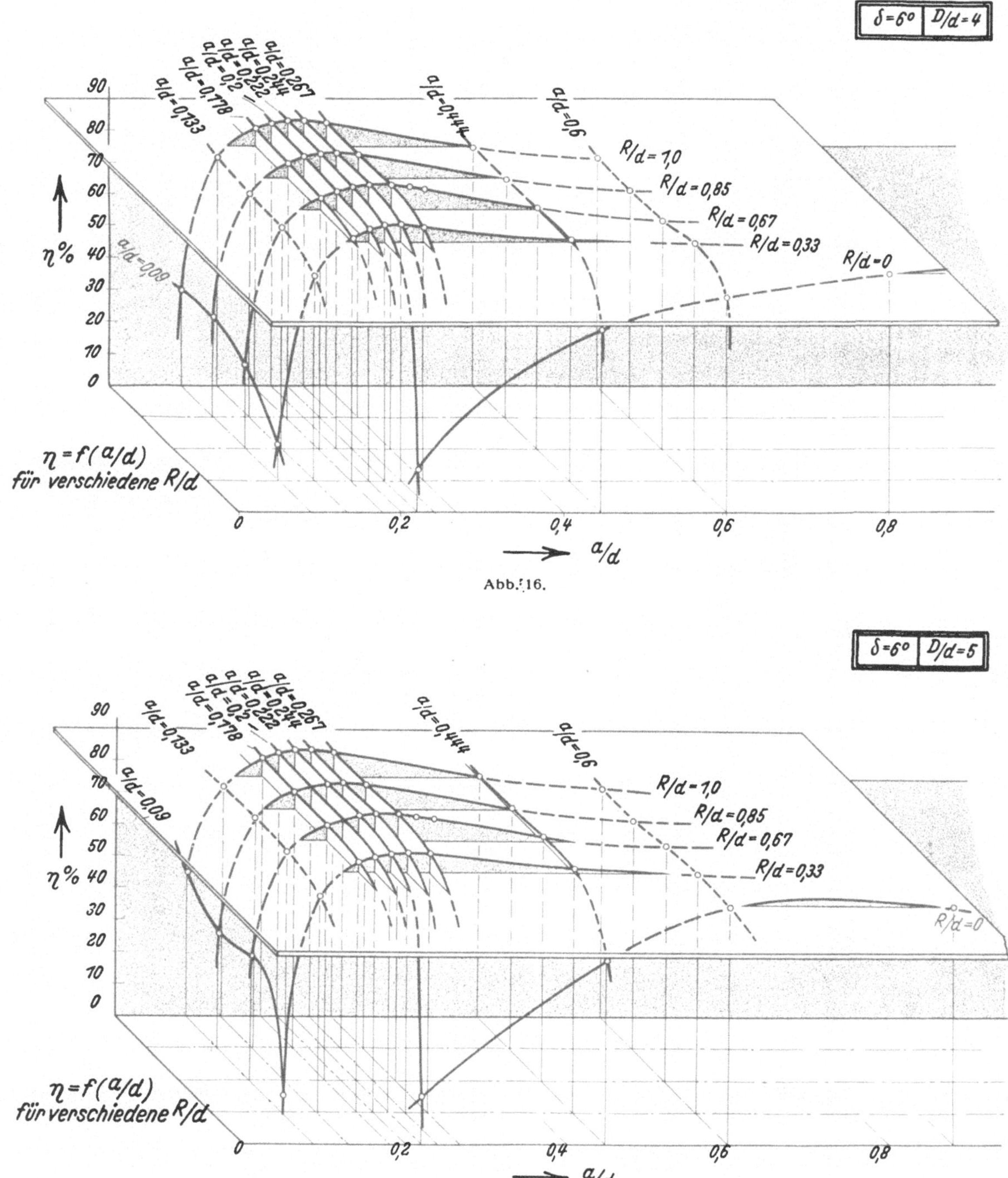

Abb. 16.

Abb. 17.

als bei kleinen Platten. Ferner ist bei großen Platten eine Änderung des Abrundungsverhältnisses zwischen $R/d = 0{,}67$ und $= 1{,}0$ von geringerem Einfluß auf den Wirkungsgrad als bei kleinen. Bei $D = 2\,d$ nimmt η bei kleinen Abständen mit sinkendem Abrundungsradius sehr schnell ab, ebenso, wenn auch weniger stark, bei $D = 3\,d$.

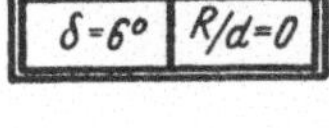

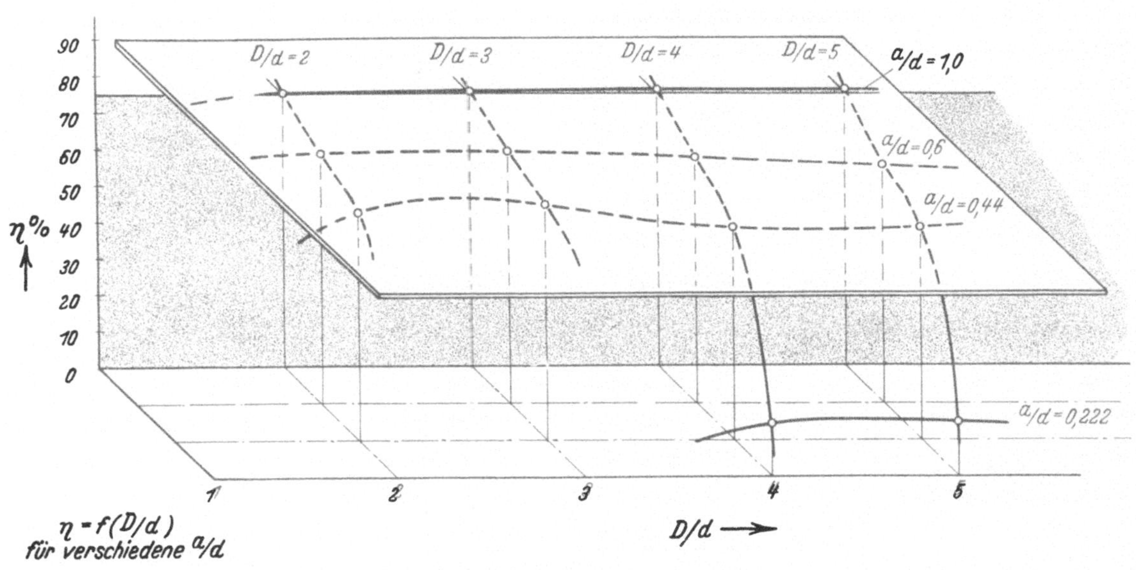

Abb. 18.

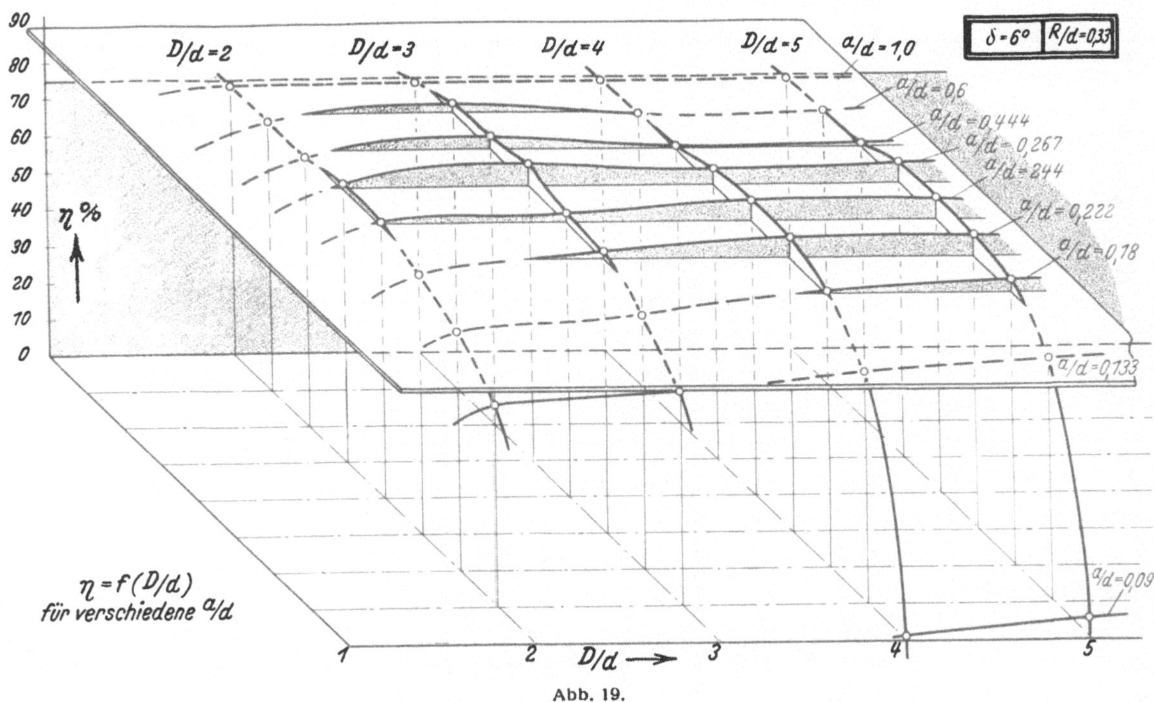

Abb. 19.

d) Wirkungsgrad abhängig vom Stoßplatten-Durchmesser für konstanten Erweiterungswinkel, verschiedene Plattenabstände und verschiedene Abrundungen.

Den Einfluß der Plattengröße und des Plattenabstandes bei konstantem Erweiterungswinkel

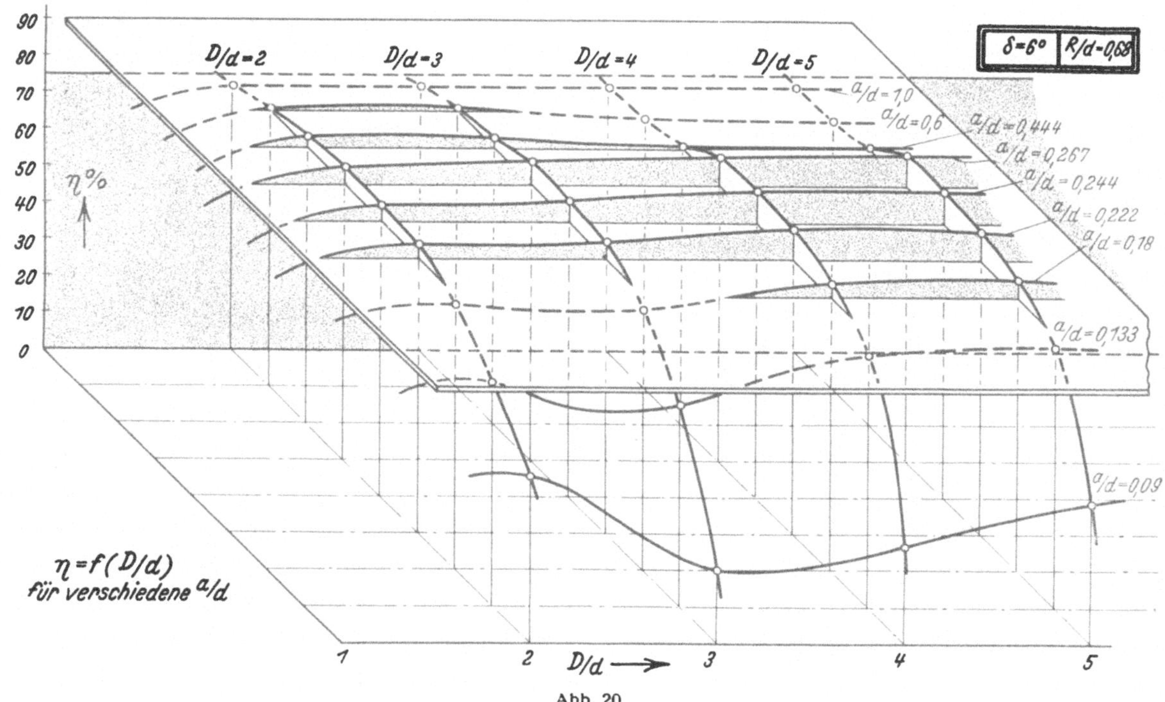

Abb. 20.

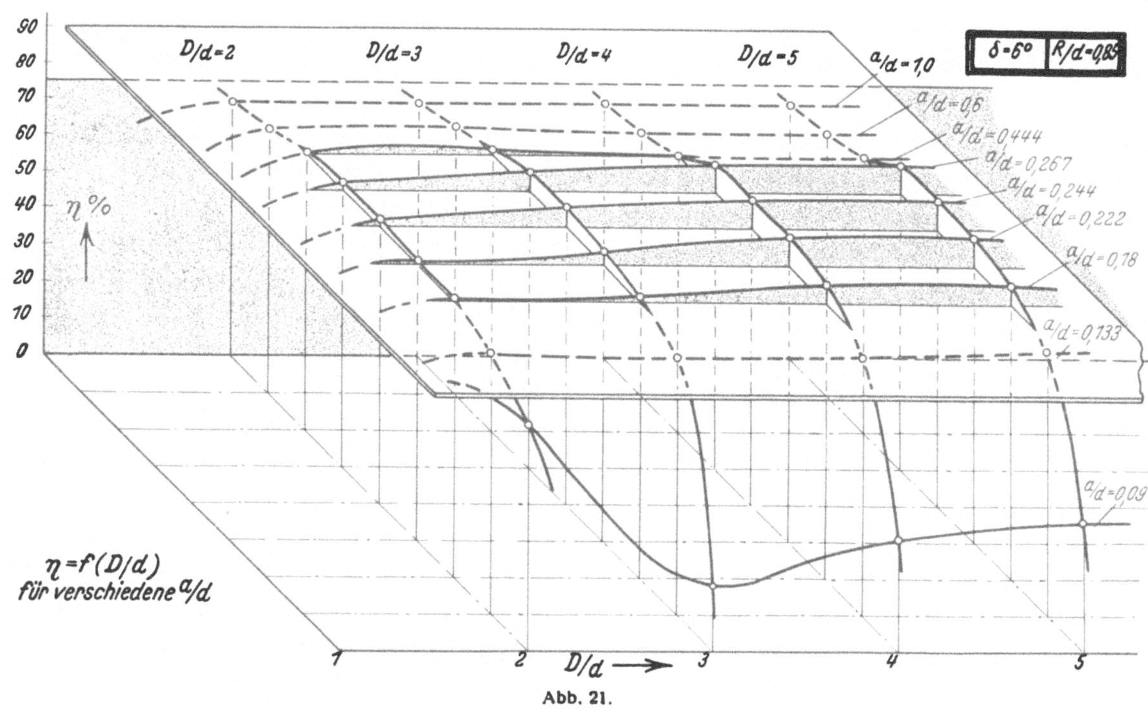

Abb. 21.

90
80
70
60
50
40
30
20
10
0
η %
D/d=2
D/d=3
D/d=4
D/d=5
a/d=1,0
a/d=0,6
a/d=0,133
a/d=0,089
δ=6° R/d=1,0
η = f(D/d) für verschiedene a/d
2
3
4
5
D/d

Abb. 22.

90
80
70
60
50
40
30
20
10
0
η %
a/d=1,0
a/d=0,6
a/d=0,444
a/d=0,267
a/d=0,244
a/d=0,222
a/d=0,78
a/d=0,133
a/d=0,089
δ=8,5° R/d=0,85
η = f(D/d) für verschiedene a/d
D/d=2
D/d=3
D/d=4
D/d=5
2
3
4
5
D/d

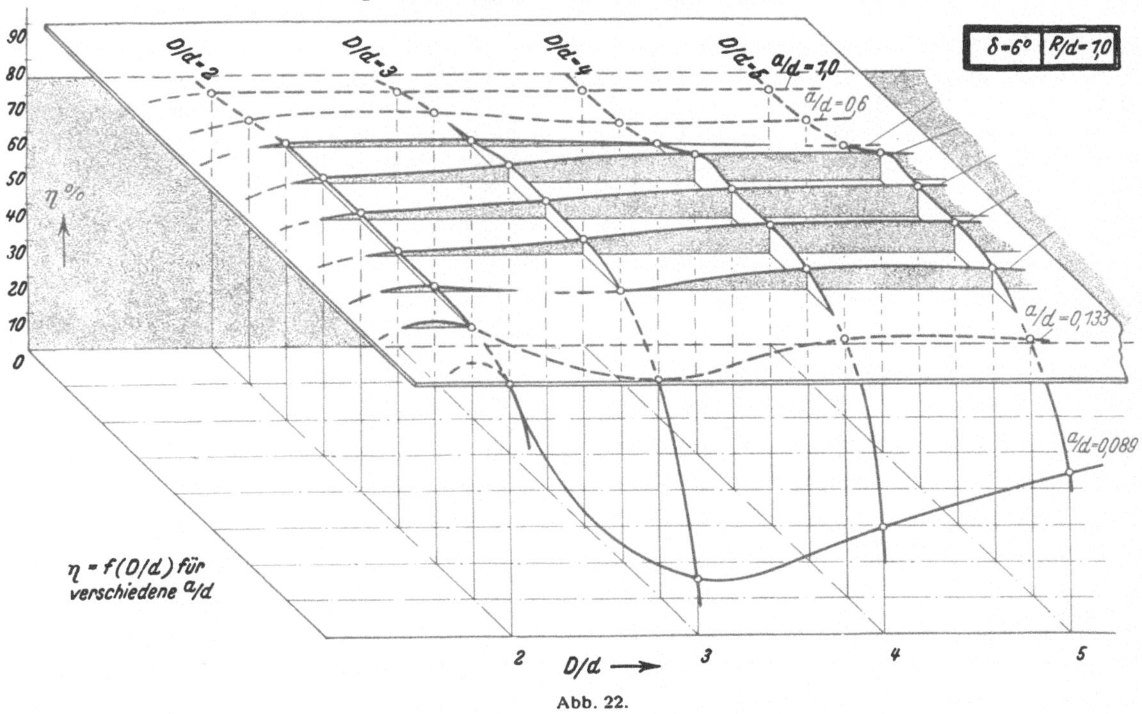

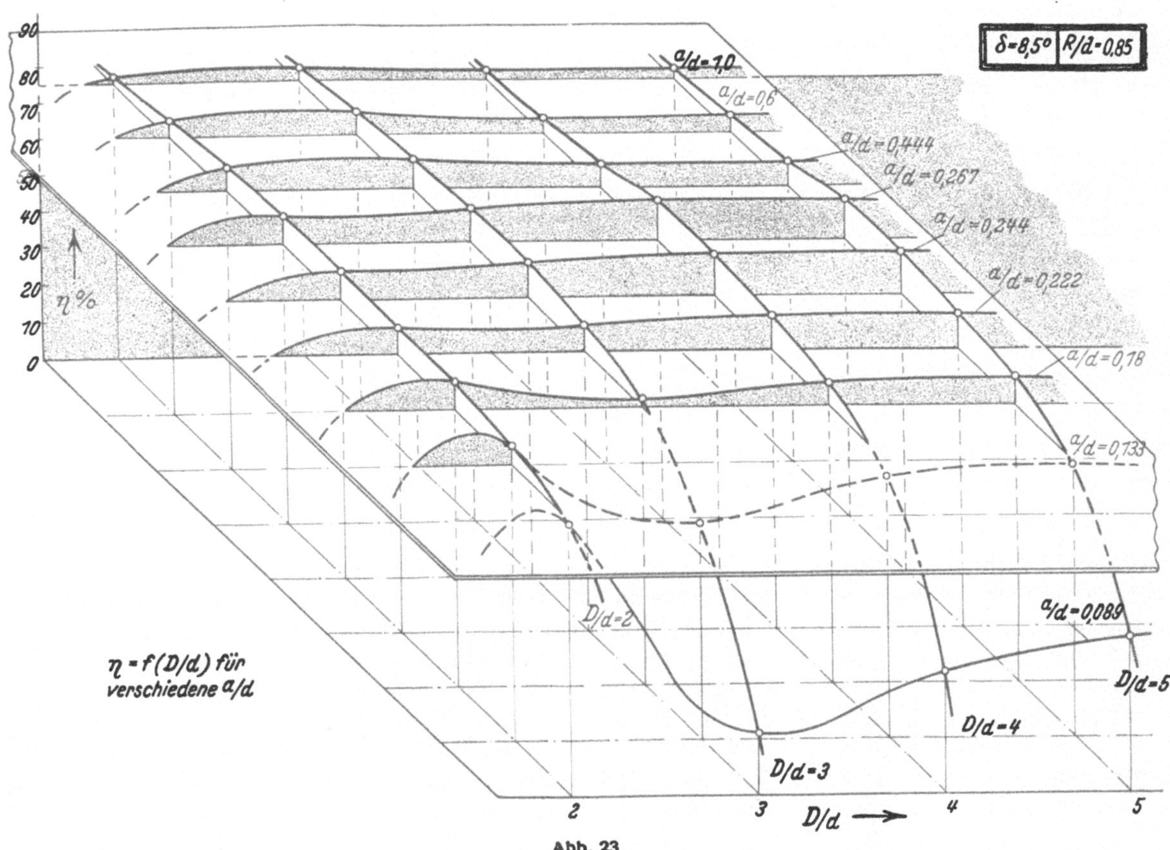

Abb. 23.

und konstanter Abrundung sollen die Diagramme Abb. 18—22 und Abb. 23 veranschaulichen. Abb. 18—22 gelten ebenfalls für einen Erweiterungswinkel $\delta = 6^0$ und für die Abrundungsverhältnisse $R/d = 0$, $= 0,33$, $= 0,67$, $= 0,85$ und $= 1,0$. Sie lassen übereinstimmend erkennen, daß schon für Plattenabstände $a = d$ der Wirkungsgrad von der Plattengröße nahezu unabhängig wird. Verkleinert man den Plattenabstand, so tritt mit Ausnahme der scharfkantigen Düse, wo

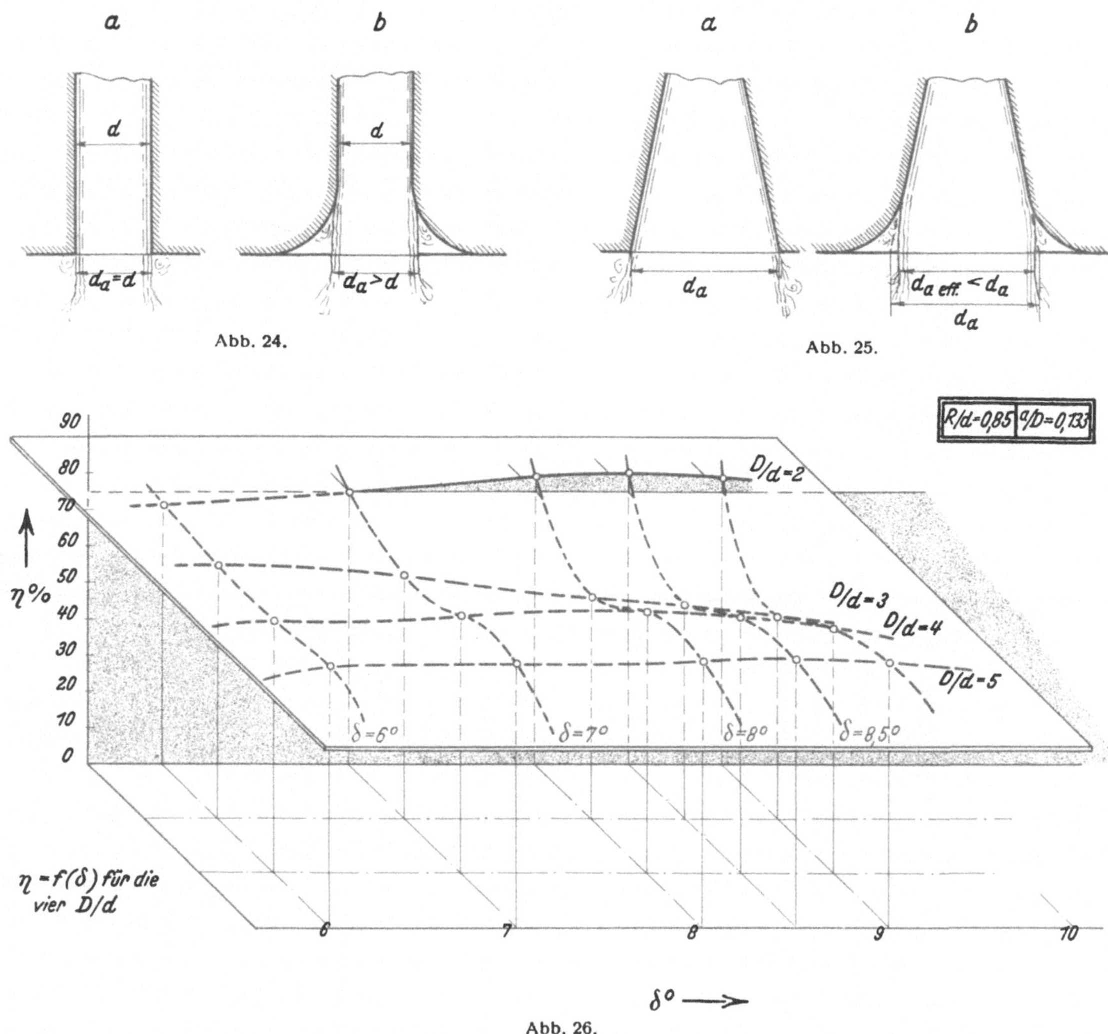

Abb. 24.　　　　　　　　　　　　　　　Abb. 25.

Abb. 26.

η immer kleiner wird, zunächst eine Zunahme des Wirkungsgrades ein. Das Maximum dieser Zunahme liegt anfangs bei kleinen Plattendurchmessern und ist bei kleinen Abrundungsradien stärker betont als bei großen. Bei weiterer Annäherung der Platten verschiebt sich jedoch die η-Kuppe sehr schnell nach der Gegend größerer Plattendurchmesser. Noch kleinere Abstände bewirken allgemein eine Abnahme des Wirkungsgrades, die bei kleinen Platten schneller erfolgt als bei großen. Besonders auffallend ist hier die starke Abnahme bei einem Plattendurchmesser $D = 3\,d$ und den Abrundungsverhältnissen 0,67, 0,85 und 1,0. Für ganz kleine Abstände und große Abrundungen liefert schließlich die kleinste Platte $D = 2\,d$ immer noch leidliche Wirkungsgrade, während bei $D = 3\,d$ sich sehr schlechte und bei $4\,d$ und $5\,d$ nur wenig bessere ergeben. Der Einfluß der Abrundung allein, d. h. ohne oder bei sehr entfernten Stoßplatten äußert sich bei ko-

nisch erweiterten Düsen in einer Abnahme des Wirkungsgrades mit zunehmendem Abrundungsradius, die Abrundung verkleinert also die wirksame Düsenlänge, der Strahl löst sich bereits vor
dem Düsenende ab. Obwohl der Strahl beim Beginn der Abrundung noch etwas an der Wandung
haftet, füllt er in Höhe der Unterkante des Austrittsflansches nicht mehr den ganzen Durchmesser
aus, der bei scharfkantigem Düsenende vorhanden gewesen wäre. Bei zylindrischer Düse verläuft
der Vorgang ebenso, aber mit umgekehrter Wirkung; hier bewirkt das Ankleben des Strahles an
der Wand beim Beginn der Abrundung eine Vergrößerung des Strahlquerschnittes, die sich bei

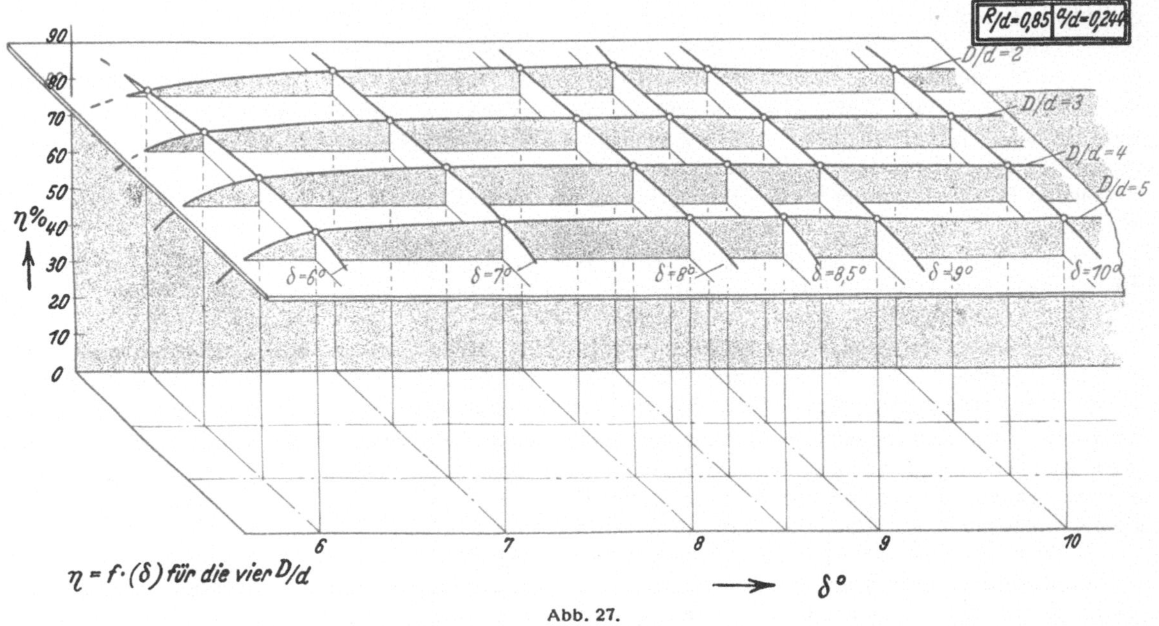

Abb. 27.

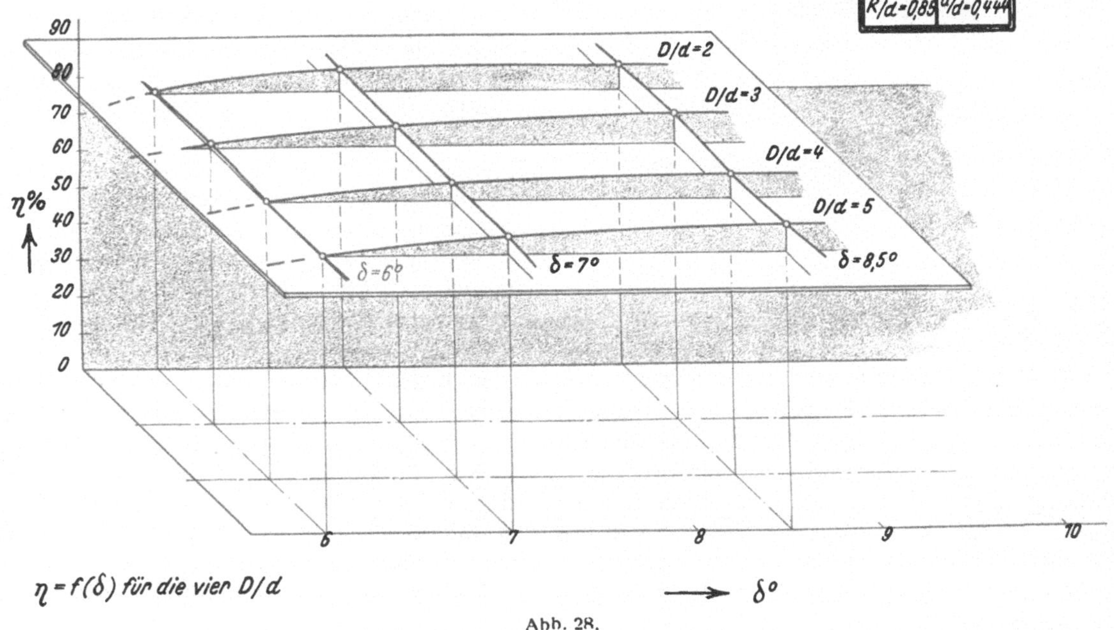

Abb. 28.

scharfkantiger zylindrischer Düse nicht hätte ausbilden können. Der Wirkungsgrad nimmt also bei zylindrischer Düse mit der Abrundung zu, was aus der linken senkrechten Diagrammreihe in Abb. 13 deutlich zu ersehen ist. Abb. 24a und b sowie Abb. 25a und b zeigen schematisch die Form des austretenden Strahles bei konischer und zylindrischer Düsenform mit und ohne Abrundung.

Diagramm Abb. 23 entspricht in der Darstellung den Abb. 18—22, gilt aber für einen Erweiterungswinkel $\delta = 8{,}5°$ und ein Abrundungsverhältnis $R/d = 0{,}85$. Die einzelnen η-Kurven mußten hier mehr als bisher gestaffelt werden (15 mm nach rechts und nach unten), da sonst mehrfach Überschneidungen der angelegten Flächen entstanden wären, wodurch die Anschaulichkeit gelitten hätte. Abb. 23 sagt im großen und ganzen dasselbe aus wie die Diagramme Abb. 18—22. Nur liegen die η-Kurven allgemein höher und erreichen bei $a/d = 0{,}244$ ($a = 11$ mm) und $D = 5\,d$ das absolut höchste Maximum, nämlich 86,3%. Auch hier fällt wieder der besonders schlechte Wirkungsgrad bei der Platte $D = 3\,d$ und bei $a/d = 0{,}899$ ($a = 4$ mm) auf. Bei sonst gleichen Verhältnissen ergibt sich hier für $D = 2\,d$ noch ein Wirkungsgrad von 73,7%, bei $D = 3\,d$ sinkt er auf 16,2%, um bei $D = 4\,d$ wieder auf 32,7% und bei $D = 5\,d$ auf 42,2% zu steigen. Eine Erklärung für die besonders schlechte Wirkung der Platte $D = 3\,d$ konnte bisher nicht gefunden werden.

e) **Wirkungsgrad abhängig vom Erweiterungswinkel für konstante Abrundung bei verschiedenen Stoßplatten-Durchmessern und verschiedenen Stoßplatten-Abständen.**

In ähnlicher Weise zeigen die Diagramme Abb. 26—28 den Einfluß des Erweiterungswinkels δ und der Stoßplattengröße bei konstanter Abrundung $R/d = 0{,}85$ für die drei Stoßplatten-Abstände $a/d = 0{,}133$, 0,244 und 0,444. Auch hier beträgt die Staffelung wieder 15 mm. Wieder ist der schlechte Wirkungsgrad bei $D = 3\,d$ sehr ins Auge fallend, während mit der Stoßplatte $D = 2\,d$ sogar bei dem sehr kleinen Abstandsverhältnis von 0,09 noch über 80% Wirkungsgrad erreicht werden können. In der Gegend des günstigsten Plattenabstandes und günstiger Erweiterung sind kleine Änderungen des δ auf den Wirkungsgrad fast ohne Einfluß.

f) **Nebenversuche mit kegeligen Stoßplatten.**

Weiterhin wurden noch einige Nebenversuche unternommen, um festzustellen, ob eine konische Form der Stoßplatten eine Wirkungsgradsverbesserung gegenüber ebenen, achsnormalen

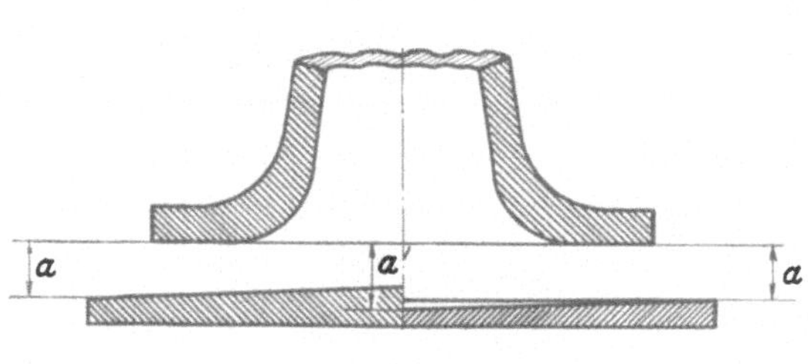

Abb. 29.

Plattenformen bewirken würde. Hierzu wurden zwei neue Stoßplatten mit $D = 5\,d$ hergestellt und ihre Flächen mit einer Mantelneigung von $1°$ gegen die Horizontale abgeschrägt. Bei der einen Platte war die Mantelneigung positiv, d. h. die Spitze erhaben, bei der anderen die Neigung negativ, die Spitze also versenkt. Die Versuche mit diesen Platten fanden nur bei den Zusammenstellungen statt, die bei gewöhnlicher Stoßplatte die besten Ergebnisse erzielt hatten. Mit dem Plattenabstand a wurde in diesem Falle stets die auf Abb. 29 angegebene Größe bezeichnet, ebenso auch bei den anschließend erwähnten konischen Platten mit einer Mantelneigung von $5°$ und einem Durchmesser von $4\,d$.

Die Wirkungsgrade im Vergleich mit denen bei gleich großer ebener Platte zeigt das Diagramm Abb. 30 in Abhängigkeit vom Abstandsverhältnis a/d für die drei Erweiterungswinkel $\delta = 8°$, 8,5° und 9° bei konstantem Abrundungsverhältnis $R/d = 0{,}85$. Die Darstellung ist wieder für die drei Erweiterungswinkel in drei Gruppen gestaffelt. Im Gebiete des günstigsten Plattenabstandes ließen sich durch Verwendung konischer Platten keine Verbesserungen des Wirkungsgrades erzielen, der Wirkungsgrad ist bei den drei Plattenformen nahezu der gleiche. Bei kleinen Abständen ist die ebene Platte der konischen mit erhabener Spitze überlegen, die Platte mit versenkter Spitze dagegen nur scheinbar besser als die ebene Platte, eine Folge der willkürlich gewählten Bezugsgröße a.

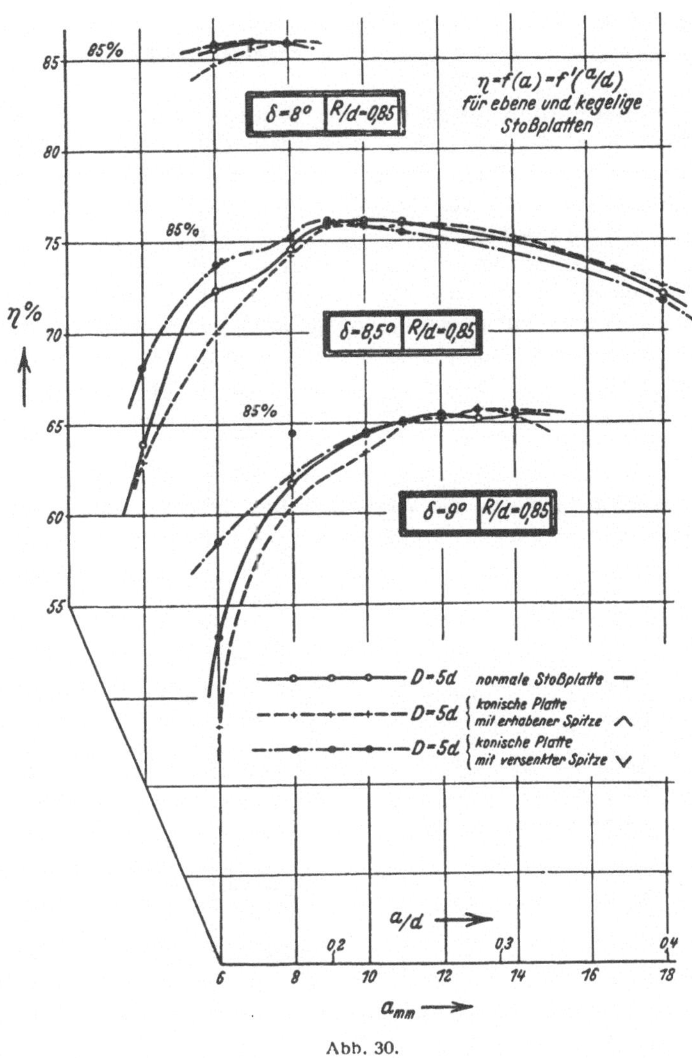

Abb. 30.

Auch kegelige Platten mit stärkerer Mantelneigung (Neigungswinkel $= \pm\,5^0$) lieferten keine besseren Ergebnisse. Diese Platten wurden aus den erwähnten flacheren hergestellt, wobei die Durchmesser auf $4\,d$ verkleinert werden mußten, da sonst die äußere Wandstärke nicht mehr ausgereicht hätte bzw. die mittlere Gewindebohrung angeschnitten worden wäre. Mit diesen Platten konnten nur wenige Stichproben im Gebiete günstiger Plattenabstände durchgeführt werden. Verglichen mit der ebenen Platte von $D = 4\,d$ ergaben die beiden kegeligen Platten annähernd die gleichen η-Werte; die Abweichungen lagen innerhalb $\pm\;1\tfrac{1}{2}{}^0\!/_0$.

g) Zusammenfassung der Versuchsergebnisse.

Es ist, wie schon erwähnt, leider nicht möglich, in leicht übersehbarer Weise den Einfluß aller untersuchten Veränderlichen in einem Diagramm darzustellen. Das liegt an der zu großen Zahl der Kombinationsmöglichkeiten bei der an drei Dimensionen gebundenen Darstellungsweise. Schon bei Beschränkung auf die fünf Abrundungsverhältnisse, die vier Stoßplattendurchmesser, fünf Erweiterungswinkel und fünf Plattenabstände ergeben sich 600 Kombinationen, von denen jede vier Elemente und zwar je eins jeder Gruppe enthält. Da sich die aus diesen 600 Kombinationen gefundenen η-Kurven bei Darstellung in einem Diagramm obendrein noch auf größeren

Strecken überdecken würden, kann hier von Übersichtlichkeit nicht mehr die Rede sein. Da die graphische Darstellung versagt, seien die wichtigsten Ergebnisse nachstehend noch einmal in Worten zusammengefaßt:

1. Den weitaus größten Einfluß auf die Güte der Druckumsetzung hat der Düsenerweiterungswinkel δ. Bei richtiger Wahl desselben lassen sich bei der vorliegenden Düsenlänge etwa 80⁰/₀ Wirkungsgrad erzielen, jedoch bei einem größeren Winkel ($\delta = 8,5°$), als man bisher im Turbinenbau annahm. In diesem Falle, d. h. wenn keine Stoßplatten Verwendung finden, darf die Düse an ihrem Austritte nicht abgerundet sein.

2. Eine weitere Verbesserung des Wirkungsgrades konisch erweiterter Düsen bei der angegebenen Länge kann nur durch eine Kombination verschiedener Maßnahmen erreicht werden. Abrundung der Düse am Austritt allein oder die Verwendung von Stoßplatten bei Düsen mit scharfkantigem Austritt drücken den Wirkungsgrad herab (vgl. Abb. 25a und b). Die oft ausgeführte starke Umbördelung gewöhnlicher Blechsaugrohre an ihrem Austritt ist daher ungünstig, es sei denn, das Saugrohr reiche fast bis zur Sohle des Unterwassergrabens herab, wobei diese dann ähnlich wie eine Stoßplatte wirkt.

3. Beim Zusammenwirken von Stoßplatte und Abrundung liegt das günstigste Abrundungsverhältnis bei $R/d = 0,85$, jedoch sind die Werte 0,67 und 1,0 dem ersteren nahezu gleichwertig. Von den Stoßplatten wiederum sind große mit 4 d und 5 d Durchmesser am besten, wenn man in der Lage ist, den günstigsten Plattenabstand von etwa ¼ d anzuwenden. Bei diesen ist immer ein deutliches Maximum vorhanden. Bei kleineren Abständen sinkt η sehr schnell, jedoch bei kleinen Stoßplatten weniger rasch als bei großen. Ist man also genötigt, kleinere Abstände anzuwenden, so wird oft eine kleine Platte vorzuziehen sein. Die Platte $D = 3 d$ ist auffallenderweise häufig ungünstig. Wird der Plattenabstand größer als d, so verschwindet der Einfluß der Stoßplatte bereits nahezu vollständig.

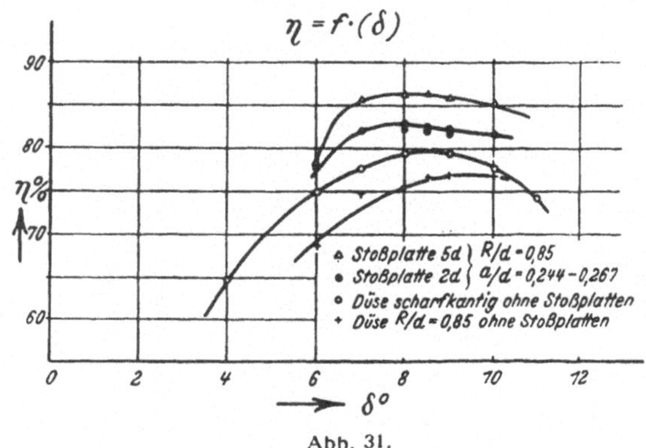

Abb. 31.

4. Ist man aus bestimmten Gründen gezwungen, zylindrische Düsenformen ($\delta = 0°$) zu verwenden, so können doch bei richtiger Wahl von Plattengröße, Abstand und Abrundung immer noch Wirkungsgrade von mehr als 70⁰/₀ erzielt werden.

Diagramm Abb. 31 zeigt noch einmal die η-Kurvenkuppe für Düsen verschiedener Erweiterungswinkel ohne Stoßplatte, außerdem die η-Kurve bei gleichen Erweiterungswinkeln und der Abrundung $R = 0,85 d$. Ebenso sind für dieselbe Abrundung und die gleichen Erweiterungswinkel noch die η-Kurven für die kleinste und die größte Stoßplatte eingezeichnet. Die erreichten Verbesserungen gehen aus dieser Zusammenstellung deutlich hervor.

Eine Vergrößerung der Düsenlänge dürfte zunächst eine Verbesserung aller Wirkungsgrade bei sonst gleichen Kombinationen bewirken, bis schließlich $\dfrac{L}{d} \cdot \dfrac{v^2}{2g} \cdot \lambda$ zu groß wird und den Wirkungsgrad wieder herabdrückt.

VIII. Schlußbemerkungen.

Die Ergebnisse der oben beschriebenen Untersuchungen, die sich auf mehr als 1000 verschiedene Formen erstreckten, liefern trotz der eingangs erörterten Einschränkungen ein anschauliches Bild des Einflusses systematischer Änderungen der Düsenformen auf die Druckumsetzung in geraden Turbinensaugrohren. Für den Turbinenbau bedeuten sie allerdings zunächst Vorversuche, die durch weitere Untersuchungen von Saugrohrformen zusammen mit Laufrädern ergänzt werden müssen. Es ist geplant, solche Untersuchungen im Hydraulischen Institut der Technischen Hochschule München an dem gleichen Prüfstande durchzuführen. Die besprochenen Vorversuche geben dabei die Möglichkeit, ausgesprochen ungünstige Formen, die auch in Verbindung mit Laufrädern mit hoher Wahrscheinlichkeit keine guten Ergebnisse liefern werden, von Anfang an auszuscheiden und dadurch das künftige Versuchsprogramm knapper zu gestalten, als es ohne die vorliegenden Versuche möglich wäre.

Immerhin ist es jetzt schon möglich, auch aus den in dieser Arbeit behandelten Versuchen unmittelbar Schlüsse zu ziehen auf den Einfluß der Saugrohrform auf den Gesamtwirkungsgrad einer Turbine, solange diese bei günstiger Beaufschlagung arbeitet. Dann ist die Grundlage der vorliegenden Versuche, daß nämlich das Wasser dem Saugrohr mit gleichmäßig verteilter Geschwindigkeit zuströmt, annähernd erfüllt. In diesem Zusammenhange darf auch darauf hingewiesen werden, daß nach den Versuchen von Sundby (10) dann der beste Gesamtwirkungsgrad einer Turbine erreicht wird, wenn das Wasser mit annähernd gleichmäßig verteilter Geschwindigkeit aus dem Laufrade austritt.

Die Untersuchung eines Francis-Modellturbinen-Laufrades von 109 mm Durchm., die bereits früher am gleichen Prüfstande durchgeführt worden war, hat in einer Hinsicht das Ergebnis der oben beschriebenen Versuche im großen und ganzen bestätigt: bei den Düsen hat sich nämlich die auffallende Tatsache ergeben, daß, von wenigen Ausnahmen abgesehen, das Maximum des Düsenwirkungsgrades bei fast allen untersuchten Formen bei einem Stoßplattenabstande von etwa 0,25 d auftrat. Das erwähnte Modellturbinen-Laufrad wurde ebenfalls mit einem Saugrohr mit Stoßplatte untersucht; bei einem Abstand der Stoßplatte vom Saugrohrende von etwa 0,25 d ergaben sich günstige Wirkungsgrade. Durch Färbungsversuche wurde ferner festgestellt, daß sich bei diesem Stoßplattenabstande günstige Abströmverhältnisse am Saugrohraustritt ohne nennenswerte Wirbelablösungen ergaben. Abschließend sind diese Versuche allerdings nicht.

In anderer Beziehung dürfen dagegen die beschriebenen Versuche schon eher als abschließend bezeichnet werden: für die in der praktischen Hydraulik häufig entstehende Aufgabe, dem aus einer Rohrleitung in einen großen Behälter austretenden Wasser die Bewegungsenergie mit möglichst gutem Wirkungsgrade zu entziehen, geben sie dem Konstrukteur das Mittel an die Hand, die beste Wirkung zu erreichen, die unter den im Einzelfalle gegebenen konstruktiven und wirtschaftlichen Beschränkungen überhaupt möglich ist.

Literatur-Verzeichnis.

1. „Comparative Tests on experimental draft-tubes", von C. M. Allen und J. A. Winter, Transactions of the Am. Soc. o. C. E. Band 87, S. 893, New York 1924.
2. Statens Kraftverk vid Lilla Edet, Stockholm 1923.
3. a) „The Hydraulic-Reaction turbine". Vortrag von H. B. Taylor auf der Welt-Kraft Konferenz 1923.
   b) „Neuere Fortschritte im Wasserkraftmaschinenbau mit besonderer Berücksichtigung der Saugrohrkonstruktionen." Von Frank H. Rogers. Report of the Hydraulic-Power Comittee Presented at 17th annual Convention of the Pennsylvania-Electric-Association.
4. a) Andres K., „Versuche über die Umsetzung von Wassergeschwindigkeit in Druck." Forschungsheft Nr. 76 des VDI. Berlin 1909.
   b) Hochschild H., „Versuche über die Strömungsvorgänge in erweiterten und verengten Kanälen." Forschungsheft Nr. 114 des VDI. Berlin 1912.
   c) Riffart A., „Versuche mit Verdichtungsdüsen (Diffusoren)." Forschungsheft Nr. 257 des VDI. Berlin 1922.
   d) Dönch Fr., „Divergente und konvergente turbulente Strömungen mit kleinen Öffnungswinkeln." Forschungsheft Nr. 282 des VDI. Berlin 1926.
   e) Nikuradse J., „Untersuchungen über die Strömungen des Wassers in konvergenten und divergenten Kanälen." Forschungsheft Nr. 289 des VDI. Berlin 1929.
5. Reich Fr., „Umlenkung eines freien Flüssigkeitsstrahles an einer senkrecht zur Strömungsrichtung stehenden ebenen Platte." Forschungsheft Nr. 290 des VDI. Berlin 1926.
6. Camerer R., „Vorlesungen über Wasserkraftmaschinen". 1. Auflage, Leipzig und Berlin 1914, S. 481, bzw. 2. Auflage, Leipzig 1924, S. 422.
7. Escher-Dubs, „Die Theorie der Wasserturbinen". 3. Auflage, Berlin 1924, S. 36.
8. Jakob und Erk, „Der Druckabfall in geraden Rohren und die Durchflußziffer von Normaldüsen." Forschungsheft Nr. 267 des VDI. Berlin 1924.
9. Gibson A. H., „The conversion of kinetic to pressure energy in the flow of water through passages having divergent boundaries." Engineering 1912, Bd. 93, S. 205/206.
10. Sundby G., „Prøver med Modellturbiner for Mørkfoss-Solbergfossanlegget." Trondhjem 1928.

Beiträge zur Kenntnis der hydraulischen Verluste in Abzweigstücken.

Von Dipl.-Ing. Emil Kinne.

I. Der Verlust in einem 45°-T-Stück mit angeschaltetem Knie-Krümmer bei Trennung des Wasserstromes.

T-Stücke mit 45° Abzweigwinkel sind solchen mit 90° Abzweigwinkel hydraulisch bedeutend überlegen. Im Rohrleitungsbau ist es jedoch oft notwendig, die Abzweigleitung senkrecht zur durchgehenden Hauptleitung anzuordnen, um eine genügende elastische Nachgiebigkeit des Rohrsystems zur Aufnahme von Temperaturdehnungen zu erreichen. Um nun auch in solchen Fällen die hydraulisch günstigen schiefwinkligen T-Stücke verwenden zu können, muß noch hinter dem Abzweig ein Formstück angeschaltet werden, welches den Winkel zwischen schrägem Abzweig und lotrecht stehender Abzweigleitung überbrückt. Durch dieses Formstück, welches aus einem Kreis- oder Knie-Krümmer bestehen kann, wird der Widerstand der Gesamtheit natürlich vergrößert. Die Versuche ergaben aber, daß diese Widerstandsvergrößerung nur klein ist. Der Vorteil des schrägen Abzweiges bleibt somit trotz Anschaltung des Krümmers bestehen.

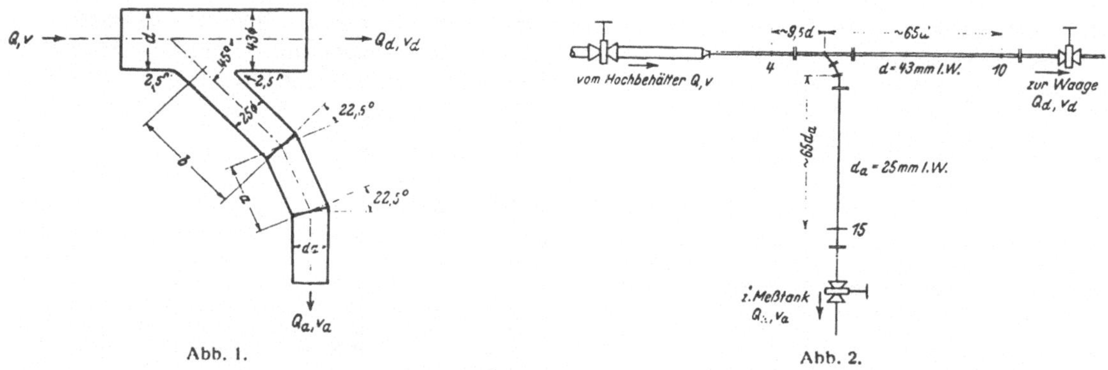

Abb. 1. Abb. 2.

Untersucht wurde ein Formstück, welches aus einem 45°-T-Stück besteht, an dessen Abzweigleitung dicht hinter der Trennstelle ein Knie-Krümmer mit zwei 22,5° Knien so angeschlossen ist, daß die Hauptleitung mit der Nebenleitung einen rechten Winkel bildet (Abb. 1). Da früher schon ein modellgleicher Knie-Krümmer hier untersucht wurde, konnte dabei auch festgestellt werden, wie sich der Widerstand des neu zu untersuchenden Formstückes zur Summe der bei getrenntem Einbau auftretenden Widerstände von T-Stück und Knie-Krümmer verhält.

Das Formstück wurde in der von Petermann[1]) benutzten und beschriebenen Versuchseinrichtung (Zu- und Ablaufrohre bestanden aus gezogenem, kalibriertem Messingrohr und hatten ebenso wie die Formstücke glatte Wandungen), und zwar nur für den Fall der Trennung des Wasserstromes untersucht. Die Hauptleitung hatte am Ein- und Austritt einen lichten Durchmesser von 43 mm, die Abzweigleitung einen solchen von 25 mm. Beide Durchmesser wurden bei allen Unter-

---

[1]) Petermann in den Mitteilungen des Hydraulischen Instituts der Technischen Hochschule München, Heft 3.

suchungen beibehalten. Die Druckentnahmestellen 4, 10 und 15 lagen kurz vor und genügend weit hinter dem Formstück, so daß die durch das Formstück erhöhte Turbulenz mit Sicherheit innerhalb der Meßstellen lag (Abb. 2). Mit Hilfe von drei Schiebern konnten verschiedene Wassermengen und Geschwindigkeiten eingestellt werden. Die Wandreibungsverluste wurden in gesonderten Vorversuchen bestimmt und während der Versuche von Zeit zu Zeit kontrolliert.

Das Formstück wurde aus Rotguß gefertigt. Um stoßfreien Übergang an den Krümmer-Knickstellen zu erzielen, und um diese Knickstellen bei bequemer Auswechselbarkeit der einzelnen Rohrschüsse absolut wasserdicht zu machen, war eine Zentrierung notwendig, die die Bearbeitung schwierig gestaltete. Am Einlauf in den Abzweig war eine Abrundung der Kanten mit $r = 0,1\,d_a$

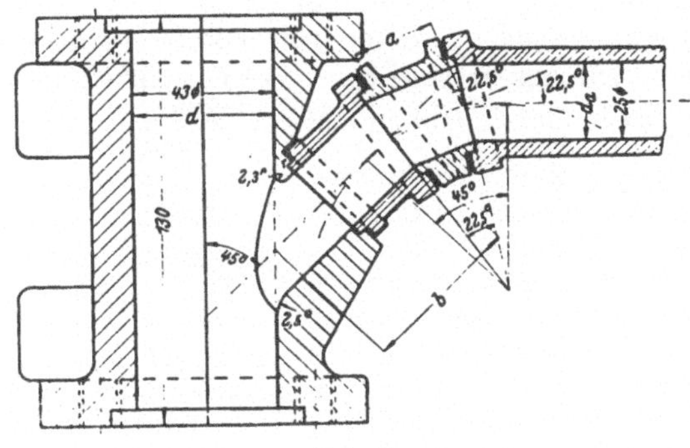

Abb. 3.

vorgeschrieben. Die Nachmessung[1]) am ausgeführten Stück ergab die aus Abb. 3 hervorgehenden Radien. Durch Austausch der Stücke wurden die Längen a und b (siehe Abb. 1 und 3) verändert, um die hydraulisch günstigste Form zu finden. Es wurden sechs Rohrschüsse mit folgenden Abmessungen angefertigt:

$$b = \begin{cases} 1\,d_a \\ 2\,d_a; \\ 3\,d_a \end{cases} \qquad a = \begin{cases} 1\,d_a \\ 2\,d_a \\ 3\,d_a \end{cases}$$

hieraus konnten neun verschiedene Knie-Krümmer zusammengestellt werden.

Für die Auswertung der Versuche wurden die gleichen Bezeichnungen verwendet, wie bei den Untersuchungen von Vogel[2]) und Petermann. Ebenso wie bei jenen Versuchen wurde der Verlust für das im Abzweigrohr weiterströmende Wasser zu

$$hw_a = h_4 - h_{15} + \frac{v^2 - v_a{}^2}{2g} - hr_a$$

und der Verlust für das geradeaus weiterströmende Wasser zu

$$hw_d = h_4 - h_{10} + \frac{v^2 - v_d{}^2}{2g} - hr_d$$

definiert.

Es bedeuten:

h_4, h_{10}, h_{15} = gemessene statische Druckhöhe an den Meßstellen 4, 10, 15.

v, v_a, v_d = mittlere Wassergeschwindigkeit im betreffenden Rohr (siehe Abb. 1).

hr_a, hr_d = reiner Wandreibungsverlust in der abzweigenden bzw. durchgehenden Leitung.

Die Widerstandsbeiwerte sind auf die Geschwindigkeitshöhe im Eintritt bezogen:

$$\zeta_a = \frac{hw_a}{v^2/2g} \qquad\qquad \zeta_d = \frac{hw_d}{v^2/2g}$$

---

[1]) Siehe Seite 3.
[2]) V o g e l in den Mitteilungen des Hydraulischen Instituts der Technischen Hochschule München, Heft 1 und 2.

Bei gleichbleibendem Wassermengenverhältnis Q_a/Q ergaben sich die Widerstandsbeiwerte ζ_a und ζ_d, wie auch schon früher gefunden wurde, als praktisch unabhängig von der absoluten Größe der Geschwindigkeit; sie können daher in Abhängigkeit von Q_a/Q allein dargestellt werden. In Abb. 4 sind abhängig vom Wassermengenverhältnis Q_a/Q die Widerstandsbeiwerte ζ_a und ζ_d dieser neun Formstücke aufgetragen; da damit gerechnet werden mußte, daß das vorliegende Exemplar des 45°-T-Stückes bei gerader Abzweigleitung etwas andere Widerstandsbeiwerte haben könne als das von Petermann untersuchte (etwa infolge kleiner Unterschiede bei den Abrundungen), wurden auch die Verluste bei gerader Abzweigleitung, d. h. unter Fortlassung der beiden Knie von je $22^1{}_2{}^0$ neu bestimmt und die Beiwerte in Abb. 4 eingetragen. Eine nachträgliche Messung der Abrundung ergab, daß der Krümmungshalbmesser um 0,3 mm größer ausgefallen war als bei Petermann. Der Widerstandsbeiwert ζ_d für das geradeaus weiterströmende Wasser blieb bei allen untersuchten Kombinationen unverändert. Die ausgezogene ζ_a-Kurve bezieht sich auf das T-Stück ohne Knie-Krümmer. Die durch den Krümmer hinzukommenden Verluste sind außerordentlich klein; da

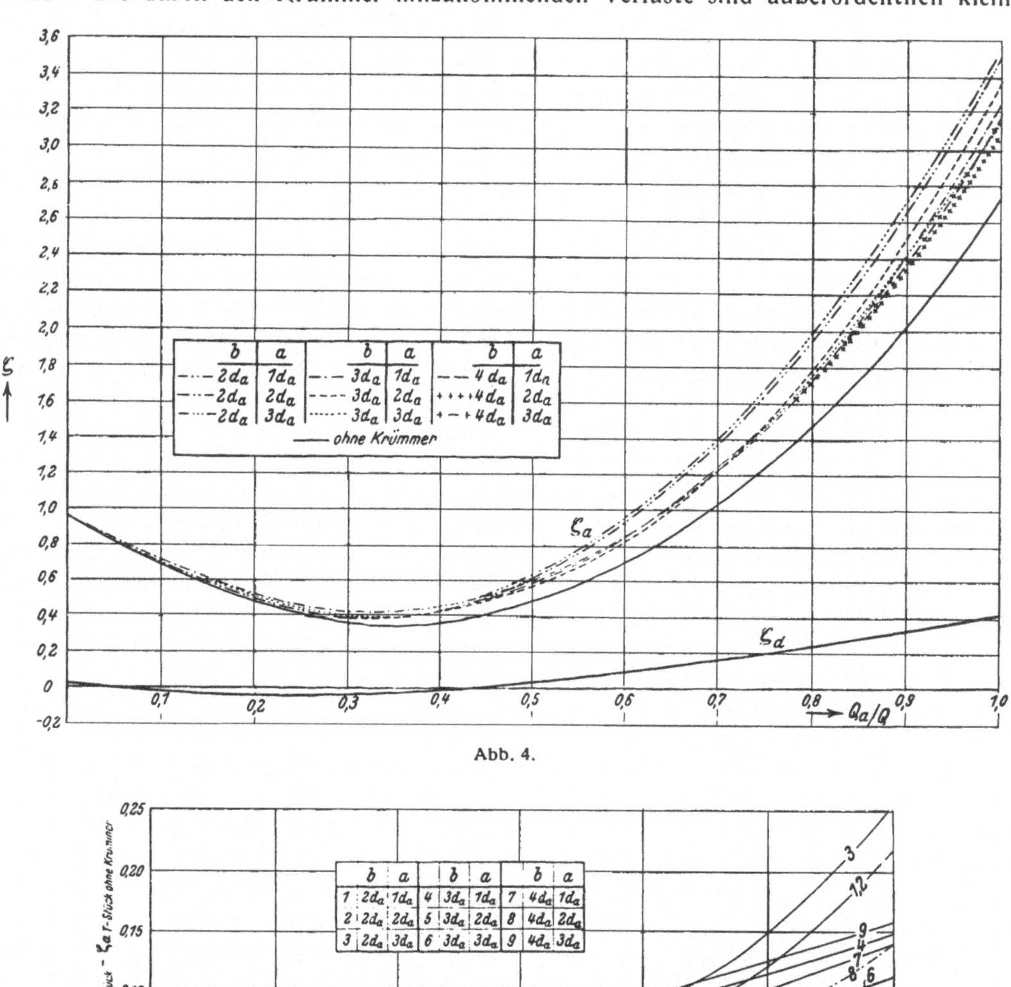

Abb. 4.

Abb. 5.

sich die Widerstandsbeiwerte der einzelnen Formstücke, namentlich bei kleinen Werten Q_a/Q, nur sehr wenig voneinander unterscheiden, mußte eine Darstellungsart gefunden werden, die einen deutlicheren Überblick ermöglichte. Dazu wurde von dem Widerstandsbeiwert des Formstückes der bei gleichem Q_a/Q bei dem einzeln (ohne Kniestücke in der Abzweigleitung) angeordneten T-Stück auftretende Verlust abgezogen, und der Unterschied über Q_a/Q aufgetragen (Abb. 5 und 6). Diese Kurven überschneiden sich. Das heißt also, daß eine Knierohr-Kombination nur für ein bestimmtes Gebiet von Q_a/Q am günstigsten ist; für ein anderes Wassermengenverhältnis dagegen ist eine andere Kombination mit anderen Abmessungen vorteilhafter. Sucht man die günstigsten Formen heraus, so findet man, daß für ein Wassermengenverhältnis $Q_a/Q = 0$ bis 0,7 der Knie-Krümmer mit den Abmessungen $b = 3\,d_a$, $a = 2\,d_a$ hydraulisch am günstigsten ist, während von $Q_a/Q = 0,7$ bis 1,0 die Kombination mit den Abmessungen $b = 4\,d_a$, $a = 2\,d_a$ den geringsten Widerstandsbeiwert aufweist. Diese beiden hydraulisch günstigsten Formstücke werden aber bei praktischer Ausführung bisweilen den Nachteil haben, daß die Abmessungen der einzelnen Rohrabschnitte zu groß werden. Bei abzweigenden Wassermengen von $Q_a/Q = 0$ bis 0,4 — dieser Bereich wird hier bei dem untersuchten Durchmesserverhältnis nur selten überschritten werden — ist die

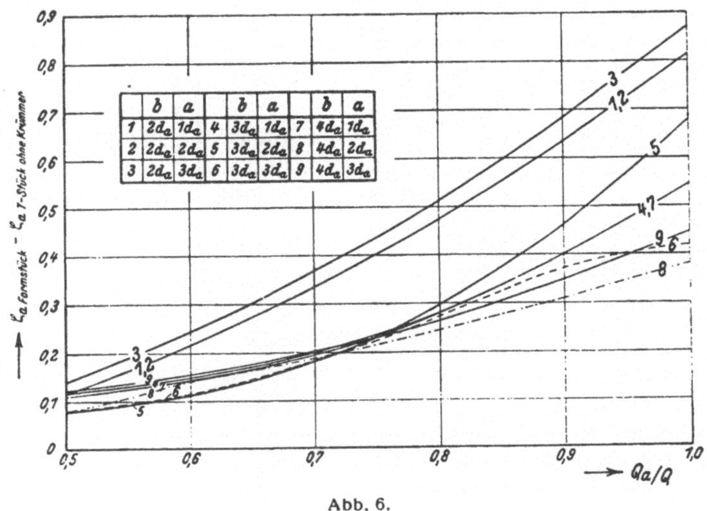

	b	a		b	a		b	a
1	$2d_a$	$1d_a$	4	$3d_a$	$1d_a$	7	$4d_a$	$1d_a$
2	$2d_a$	$2d_a$	5	$3d_a$	$2d_a$	8	$4d_a$	$2d_a$
3	$2d_a$	$3d_a$	6	$3d_a$	$3d_a$	9	$4d_a$	$3d_a$

Abb. 6.

in hydraulischer Hinsicht nächstbeste Kombination die Form 1 ($b = 2\,d_a$, $a = d_a$) oder Form 2 ($b = 2\,d_a$, $a = 2\,d_a$). Die Formen 1 und 2 sind wegen der kurzen Rohrschüsse b und a in praktischer Hinsicht vorteilhafter. Die Versuchsanordnung ließ eine weitere Verkleinerung von b ($b < 2\,d_a$) nicht zu. Man darf aber annehmen, daß eine geringe Verkleinerung von b keine wesentliche Verschlechterung der Widerstandsbeiwerte mit sich bringen wird. Die Versuche mit $b > 2\,d_a$ ergaben nämlich alle (mit Ausnahme der Form 5) höhere Beiwerte.

Der Widerstand, den die Knie-Krümmer ergeben würden, wenn sie statt an das T-Stück an eine gerade Leitung angeschlossen wären, läßt sich aus den Untersuchungen von Schubart[1] entnehmen. Wenn man diesen Widerstand zu dem Widerstande des mit gerader Abzweigleitung versehenen T-Stückes hinzurechnet, so ergibt sich ein höherer Wert als der durch Untersuchung des Formstückes gefunden wurde.

Beispielsweise ist bei einem Wassermengenverhältnis $Q_a/Q = 0,3$ für ein Formstück mit den praktisch vorteilhaften Krümmerabmessungen $b = 2\,d_a$, $a = d_a$ (Form 1) oder $b = 2\,d_a$, $a = 2\,d_a$ (Form 2) der Widerstandsbeiwert ζ_a-Formstück $= 0,395$. Bei gleichem Verhältnis Q_a/Q ist der Widerstandsbeiwert des T-Stückes allein ζ_a-T-Stück $= 0,359$. Die Anschaltung des Knie-Krümmers hat also den Widerstandsbeiwert ζ_a des T-Stückes um 0,036 erhöht; da hierbei $v_a = 0,89\,v$ ist,

---

[1]) S c h u b a r t in den Mitteilungen des Hydraulischen Instituts der Technischen Hochschule München, Heft 3 Seite 121.

würde dies also einem auf $v_a{}^2/2\,g$ bezogenen Widerstandsbeiwert des Knie-Krümmers von $\dfrac{0{,}036}{0{,}89^2} =$ 0,045 entsprechen.

Der Widerstandsbeiwert des Knie-Krümmers allein ist nach Schubart jedoch ζ-Krümmer $= 0{,}112$. Man findet also auch hier wieder, daß der Widerstandsbeiwert der Gesamtheit nicht durch Addition der Widerstandsbeiwerte der Teile gefunden werden kann.

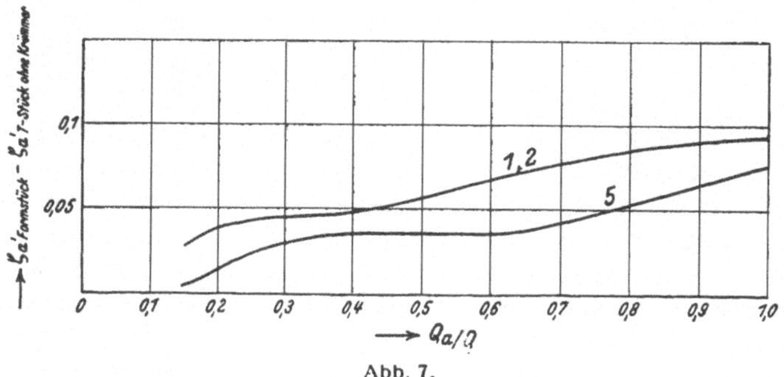

Abb. 7.

Um die Verhältnisse allgemein darzustellen, wurden für die Formen 1, 2 und 5 sowie für das T-Stück mit gerader Abzweigleitung die Widerstände hw_a auf $\dfrac{v_a{}^2}{2\,g}$ bezogen und mit $\zeta_a{}'$ bezeichnet.

Es ist also $\zeta_a{}' = \zeta_a \left(\dfrac{v}{v_a}\right)^2 = \zeta_a \left(\dfrac{d}{d_a}\dfrac{Q_a}{Q}\right)^2$ gesetzt worden. In Abb. 7 wurde für die Formen 1, 2 und 5, ähnlich wie in Abb. 5 und 6, der Unterschied zwischen dem Wert $\zeta_a{}'$ für das T-Stück mit Krümmer und dem Wert $\zeta_a{}'$ für dasselbe T-Stück mit anschließender gerader Leitung über Q_a/Q aufgetragen.

Zusammenfassung:

1. Die untersuchten Formstücke haben einen bedeutend geringeren Widerstandsbeiwert als die beste rechtwinklige Verzweigung vom gleichen Durchmesserverhältnis. Selbst beim Vergleich mit einem 90⁰-T-Stück mit dem hydraulisch günstigsten, aber oft nicht ausführbaren Abzweigdurchmesser $d_a = d$ sind die hier behandelten Formstücke von $Q_a = Q = 0$ bis 0,65 hydraulisch überlegen.

Beispielsweise sind die Widerstandsbeiwerte ζ_a für $\dfrac{Q_a}{Q} = 0{,}3$

beim 90⁰-T-Stück mit $\dfrac{d_a}{d} = 0{,}58$ . . . . $\zeta_a = 1{,}43$[1])

beim 90⁰-T-Stück mit $\dfrac{d_a}{d} = 1$ . . . . $\zeta_a = 0{,}76$[2])

beim 45⁰-T-Stück mit Knie-Krümmer $\dfrac{d_a}{d} = 0{,}58$ . . . . $\zeta_a = 0{,}395$

Die Anwendung dieser letzten Formstücke empfiehlt sich deshalb überall da, wo es sich darum handelt, die Energieverluste auf ein Minimum herabzudrücken.

2. Nicht ein Formstück ist für alle Betriebszustände gleich günstig. Je nach der Größe der abzuzweigenden Wassermengen verdient dieses oder jenes Formstück den Vorzug. Bei dem untersuchten Durchmesserverhältnis $d_a/d = 0{,}58$ dürfte es sich in der Regel nur um kleine Wassermengenverhältnisse Q_a/Q handeln. Es kann aber auch vorkommen, daß sämtliches zugeführtes Wasser durch die Abzweigleitung abströmt. Dieser Fall tritt z. B. dann ein, wenn bei einem Turbinensatz die dem Formstück nachgeschalteten Turbinen geschlossen bleiben.

---

[1]) Mitteilungen des Hydraulischen Instituts der Technischen Hochschule München, Heft 1 Seite 85, Abb. 17.

[2]) Siehe Seite 10, Abb. 4.

3. Der durch die Hinzufügung des Knie-Krümmers hinzukommende Widerstand ist erheblich geringer, als es dem Widerstande des in einer geraden Leitung eingeschalteten Knie-Krümmers entspricht.

II. Der Verlust in Abzweigstücken mit 60° Abzweigwinkel.

Zur Ergänzung der Forschungsarbeiten von Vogel[1] und Petermann[2], welche die Verluste in T-Stücken mit 90° bzw. 45° Ablenkungswinkel bestimmt haben, wurde ein 60°-T-Stück untersucht.

Eine Einheitlichkeit mit den früher untersuchten Formstücken war anzustreben; deshalb wurden die gleichen Durchmesser der Haupt- und Abzweigleitung gewählt, und die Übergänge von Haupt- und Nebenleitung gleichartig verändert.

Die Untersuchungen erstreckten sich auf neun verschiedene T-Stücke (Abb. 8):

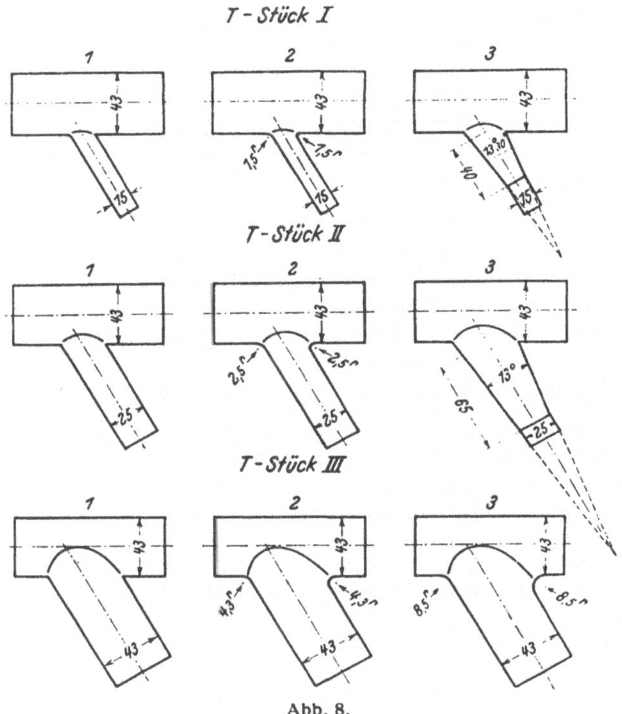

Abb. 8.

T-Stück I: Durchgehende Leitung am Ein- und Austritt: 43 mm l. W.
　　　Abzweigende Leitung: 15 mm l. W.
　　1. Übergang scharfkantig,
　　2. Übergang abgerundet, $r = 1{,}5$ mm,
　　3. Übergang kegelig, Erweiterungswinkel 13° 30′.

T-Stück II: Durchgehende Leitung am Ein- und Austritt: 43 mm l. W.
　　　Abzweigende Leitung: 25 mm l. W.
　　1. Übergang scharfkantig,
　　2. Übergang abgerundet, $r = 2{,}5$ mm,
　　3. Übergang kegelig, Erweiterungswinkel 13°.

---

[1] Vogel in den Mitteilungen des Hydraulischen Instituts der Technischen Hochschule München, Heft 1 Seite 75, Heft 2 Seite 65.
[2] Petermann in den Mitteilungen des Hydraulischen Instituts der Technischen Hochschule München, Heft 3 Seite 98.

T-Stück III: Durchgehende Leitung am Ein- und Austritt: 43 mm I. W.
Abzweigende Leitung: 43 mm I. W.

1. Übergang scharfkantig,
2. Übergang abgerundet, $r = 4{,}3$ mm,
3. Übergang abgerundet, $r = 8{,}5$ mm.

Für die Auswertung der Versuche gelten die gleichen Bezeichnungen und Formeln, wie sie Vogel und Petermann angeben und definieren, nämlich:

$Q =$ gesamte durchfließende Wassermenge in m³/s,

$Q_a =$ Wassermenge im Abzweigrohr in m³/s,

$Q_d =$ Wassermenge im durchgehenden Rohr nach der Trennung bzw. vor der Vereinigung in m³/s,

$v, v_a, v_d =$ die aus obigen Wassermengen gefundenen mittleren Geschwindigkeiten im betreffenden Rohr in m/s,

$hw_a =$ Widerstandshöhe = Differenz der statischen Druckhöhen + Änderung der Geschwindigkeitshöhen abzüglich Wandreibungsverlust für das im Abzweig weiterfließende bzw. durch den Abzweig zugelieferte und in der Hauptleitung weiterfließende Wasser in m WS,

$hw_d =$ desgleichen, für das geradeaus weiterfließende bzw. durch die Hauptleitung zugelieferte und in ihr weiterfließende Wasser in m WS,

$hr_a =$ Wandreibungsverlust im Abzweigrohr in m WS,

$hr_d =$ Wandreibungsverlust in der Hauptleitung in m WS,

$h_4, h_{10}, h_{13}, h_{16} =$ statische Druckhöhen an den Meßstellen 4, 10, 13 und 16.

A. Fall der Trennung des Wasserstromes:

Es ist der Verlust für das im abzweigenden Rohr weiterströmende Wasser

$$hw_a = h_4 - h_{14\,(16)} + \frac{v^2 - v_a^2}{2\,g} - hr_a$$

für das im durchgehenden Rohr weiterströmende Wasser

$$hw_d = h_4 - h_{10} + \frac{v^2 - v_d^2}{2\,g} - hr_d.$$

B. Fall der Vereinigung der beiden Wasserströme:

Es ist der Verlust für das durch den Abzweig zugelieferte und in der Hauptleitung weiterströmende Wasser

$$hw_a = h_{13} - h_{10} + \frac{v_a^2 - v^2}{2\,g} - hr_a$$

für das durch die Hauptleitung zugelieferte und in ihr weiterströmende Wasser

$$hw_d = h_4 - h_{10} + \frac{v_d^2 - v^2}{2\,g} - hr_d.$$

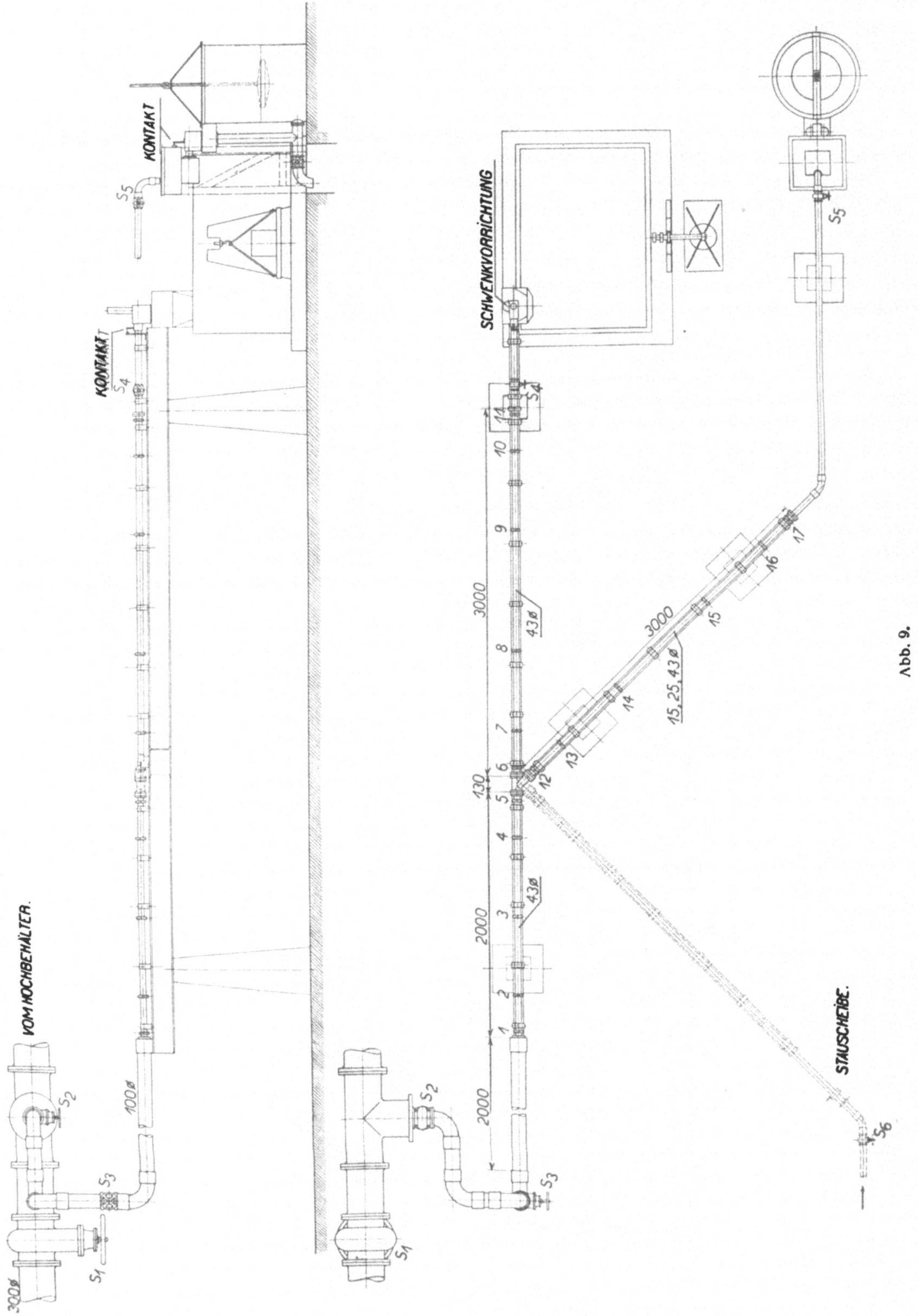

VOM HOCHBEHÄLTER.
KONTAKT
KONTAKT
SCHWENKVORRICHTUNG
STAUSCHEIBE.
Abb. 9.

Die entsprechenden Widerstandsbeiwerte ζ_a und ζ_d sind auf die Geschwindigkeitshöhe in demjenigen Rohr bezogen, in dem die volle Wassermenge Q fließt:

$$\zeta_a = \frac{hw_a}{v^2/2g} \qquad\qquad \zeta_d = \frac{hw_d}{v^2/2g}.$$

Die Versuchseinrichtung wurde von Petermann übernommen. Die Lage der Meßstellen blieb die gleiche, lediglich der Abzweigwinkel wurde verändert (Abb. 9).

Die Widerstandszahlen ζ_a und ζ_d sind, wie sich auch hier bestätigte, bei gleichbleibendem Verhältnis Q_a/Q nicht merklich abhängig von der absoluten Größe der Geschwindigkeit. Es können daher diese Widerstandsbeiwerte in Abhängigkeit vom Wassermengenverhältnis Q_a/Q allein aufgetragen werden. Die sich so ergebenden Kurven zeigen ähnlichen gekrümmten Verlauf wie bei den früheren Versuchen an Rohrverzweigungen. Die den Kurven angeschriebenen Zahlen bezeichnen die Form des Überganges, die aus Abb. 1 zu entnehmen ist.

T-Stück I: $d = 43$ mm, $d_a = 15$ mm.

Aus den ζ_a-Werten kann man erkennen, daß für den Fall der Trennung des Wasserstromes (Abb. 10) schon eine geringe Abrundung mit $r = 0,1\, d_a$ — deren konstruktive Ausführung in fast allen Fällen möglich sein dürfte — die Verluste beträchtlich vermindert. Von noch weiter verminderntem Einfluß auf die Verluste hw_a ist die kegelig verengte Form des Abzweiges. Hier gehen die Verluste für den Fall der Trennung auf ein Drittel der bei scharfkantigem Übergang gefundenen Werte zurück. Die ζ_d-Werte bei Trennung des Stromes (Abb. 11) sind im Bereiche $Q_a/Q = 0,05$ bis 0,33 (Form 3) schwach negativ. Dies ist — wie auch bei den früheren Untersuchungen an Rohrverzweigungen dargelegt wurde — darauf zurückzuführen, daß in den Abzweig hauptsächlich die langsam fließenden Randschichten einströmen, während in der Hauptleitung die Wasserteilchen

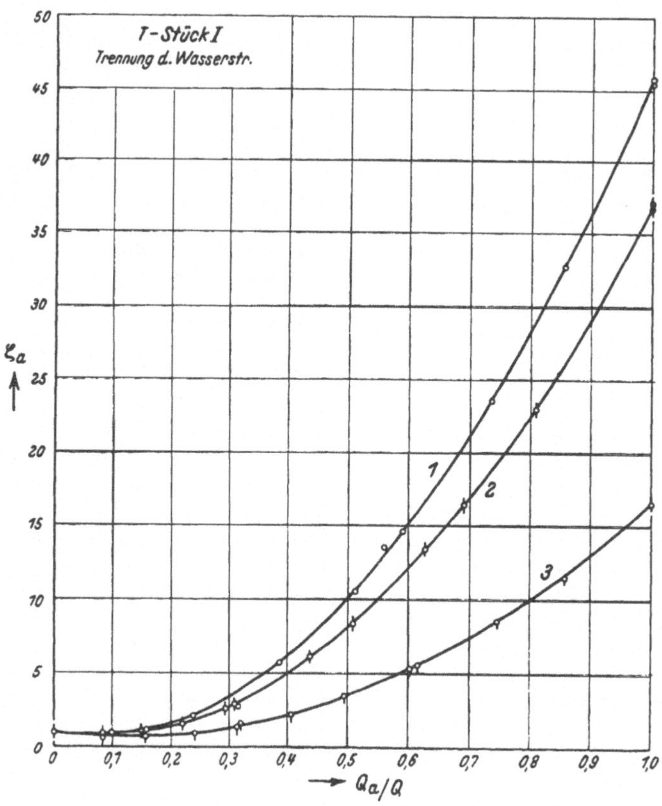

Abb. 10.

weiterfließen, die dem Kernstrom angehörten. Diese Wasserteilchen treten mit einer Geschwindigkeit in das T-Stück ein, die größer ist als die mittlere Geschwindigkeit v, die der Rechnung zugrunde liegt. Die konisch verengte Form des Abzweiges ist hier etwas besser.

Bei Vereinigung der Wasserströme (Abb. 12) bringt eine Abrundung keine nennenswerte Verbesserung der ζ_a-Werte. Dagegen vermindert die kegelig erweiterte Form des Abzweiges die Verluste sehr stark. Die ζ_d-Werte bei Vereinigung der beiden Ströme (Abb. 13) verlaufen größtenteils im Negativen. Das durch den Abzweig zugelieferte Wasser entwickelt eine starke Saugwirkung in der durchgehenden Leitung. Erst bei kleinen zufließenden Mengen werden die ζ_d-Werte positiv. Eine allmähliche Vergrößerung des Rohrquerschnittes bedingt eine Verzögerung der Wasserteilchen;

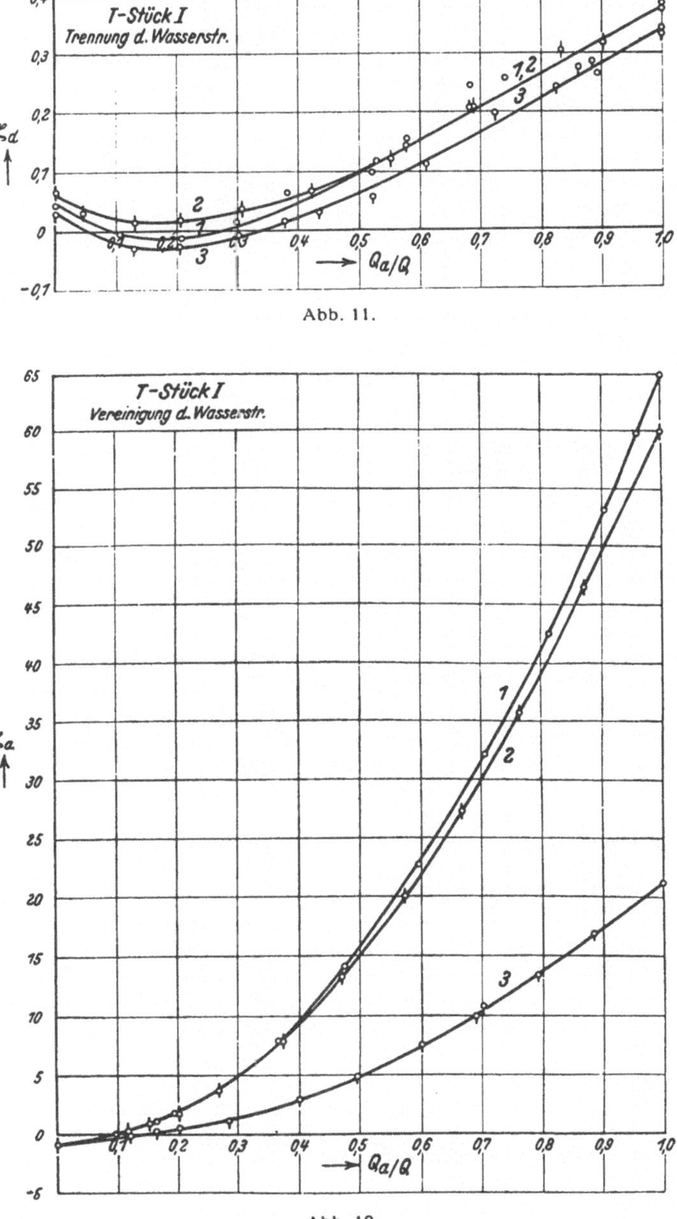

Abb. 11.

Abb. 12.

die Saugwirkung wird herabgesetzt. Man sollte eigentlich erwarten, daß hier die scharfkantige
Form die günstigste sei, der Versuch zeigte aber, daß eine Abrundung der Kanten teilweise bessere
Werte liefert.

T-Stück II: $d = 43$ mm, $d_a = 25$ mm.

Die Untersuchungen ergaben ähnlich verlaufende Kurven wie bei T-Stück I. Für größere
Wassermengenverhältnisse Q_a/Q sind die ζ_a-Werte für Trennung und Vereinigung bei diesem Form-

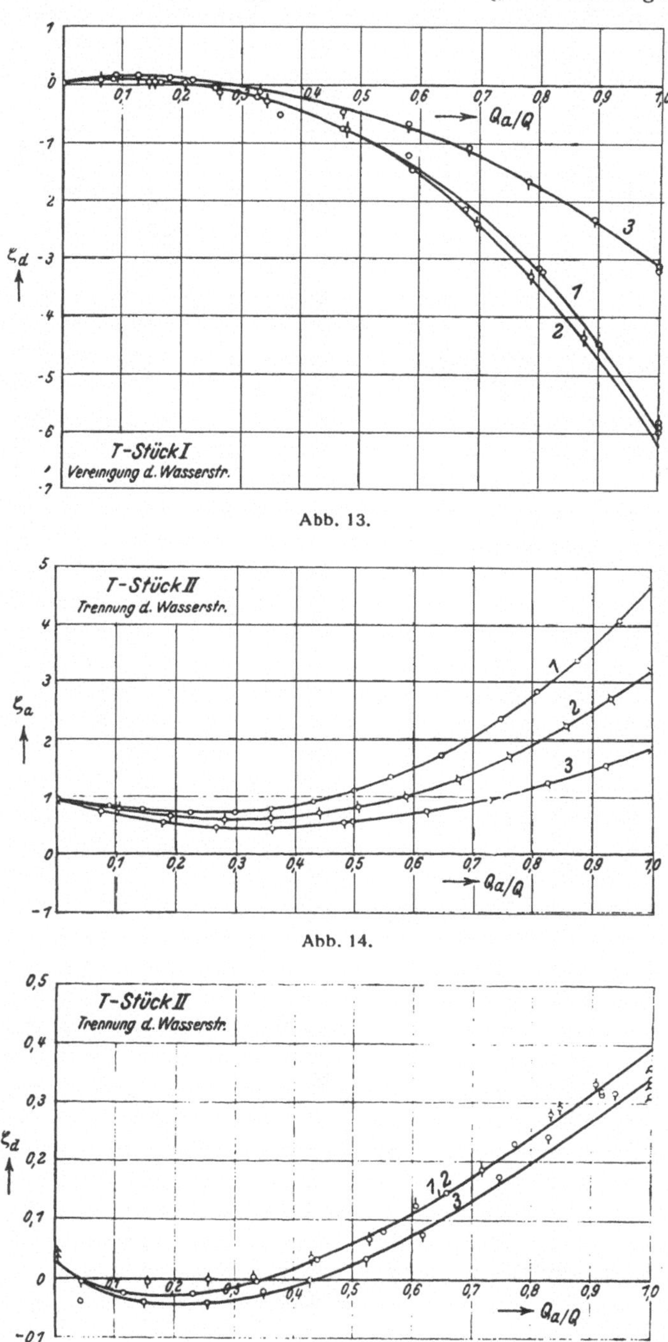

Abb. 13.

Abb. 14.

Abb. 15.

stück kleiner als bei T-Stück I. Für den Fall der Trennung des Stromes (Abb. 14) bringt eine Abrundung mit $r = 2,5$ mm eine wesentliche Verbesserung der Widerstandsbeiwerte. Die kegelig verengte Form führt wiederum eine große Verminderung des Verlustes herbei. Die ζ_d-Werte für Trennung (Abb. 15) verlaufen länger im Negativen als bei T-Stück I. Infolge des größeren Loches in der Rohrwand werden die vorbeiströmenden Randschichten auf einer größeren Fläche abgeschöpft; es tritt hier also ein noch größerer scheinbarer Energiegewinn auf, als bei T-Stück I. Die kegelig verengte Form ist auch hier die beste.

Bei Vereinigung der Wasserströme (Abb. 16) verbessert die Abrundung die Widerstandsbeiwerte nicht sonderlich, dagegen wirkt sich die kegelige Form hydraulisch günstig aus. Infolge der größeren

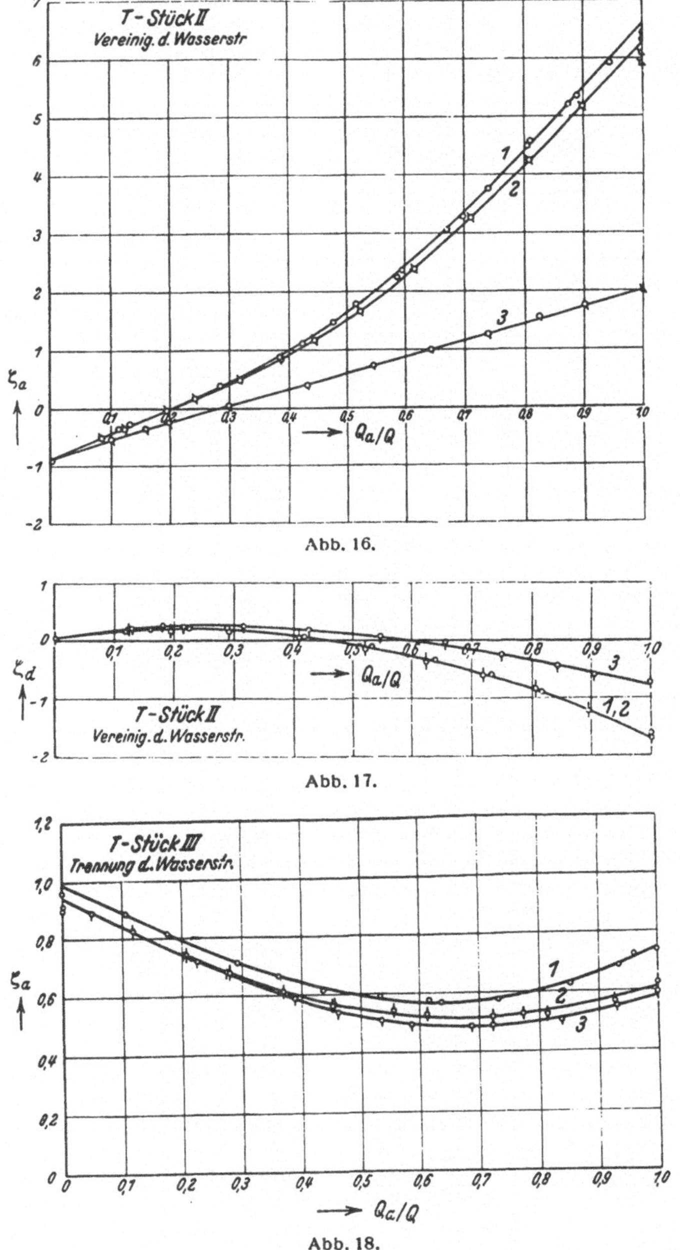

Abzweigbohrung gegenüber T-Stück I wurden jedoch die ζ_d-Werte bei Vereinigung erst bei größerem Q_a/Q negativ, die Saugwirkung ist hier bedeutend heruntergegangen (Abb. 17). Form 1 und 2 sind gleichwertig im Gegensatz zu T-Stück I, wo die Form 2 teilweise günstiger war.

T-Stück III: $d = 43$ mm, $d_a = 43$ mm.

Dieses T-Stück, bei dem die Bohrungen in allen drei Leitungen gleich groß waren, lieferte für große Wassermengenverhältnisse Q_a/Q die besten Werte. Da hier die Anbringung eines kegeligen

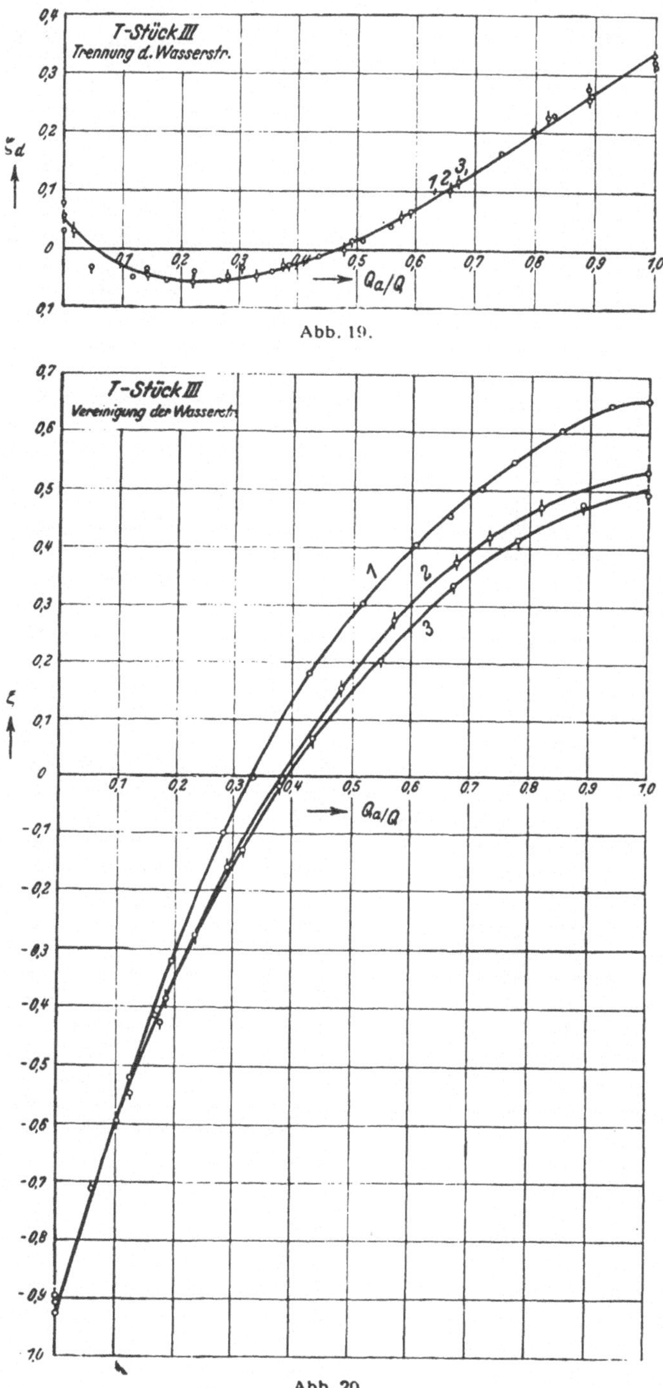

Abb. 19.

Abb. 20

Zwischenstückes nicht mehr möglich war, wurde eine zweite, größere Abrundung mit $r = 8{,}5$ mm angebracht. Für den Fall der Trennung (Abb. 18) bringen die Abrundungen Verringerungen der Verluste. Diese Tatsache berechtigt zu der Behauptung, daß auch bei den T-Stücken I und II eine Abrundung mit mehr als $r = 0{,}1\ d_a$ eine weitere Verminderung der Verluste herbeiführt. Die ζ_d-Werte für Trennung (Abb. 19) sind bei allen untersuchten Formen gleichwertig und schließen sich den bei den anderen T-Stücken gefundenen Werten gut an.

Für den Fall der Vereinigung (Abb. 20 und 21) nehmen die Widerstandsbeiwerte ζ_a mit wachsendem Abrundungsradius ab. Die ζ_d-Werte für Vereinigung verlaufen größtenteils im Positiven; die Abrundung mit $r = 8{,}5$ mm ist die günstigste Form.

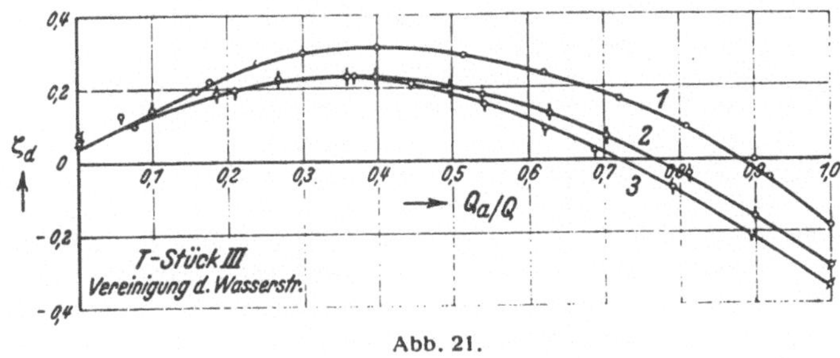

Abb. 21.

Widersinniger Einbau.

Bis hierher wurden die Verzweigstücke so eingebaut, wie es in der Praxis fast stets der Fall ist:

Unter besonderen Umständen kann aber auch das Formstück so angeordnet sein, daß es widersinnig durchströmt wird:

Es war von Interesse zu wissen, um wieviel sich hierbei der Widerstandsbeiwert veränderte gegenüber dem richtigen Einbau. Durchwegs erfahren alle Beiwerte Erhöhungen. Für den Fall, daß alles Wasser durch den Abzweig strömt, also für $Q_a/Q = 1$ ist bei Trennung $\zeta_a = 1{,}45$ (Abb. 22), während bei richtigem Einbau $\zeta_a = 0{,}58$ (Abb. 11) ist. Bei Vereinigung ist für $Q_a/Q = 1$ bei widersinnigem Einbau $\zeta_a = 1{,}27$ (Abb. 23), bei richtigem Einbau $\zeta_a = 0{,}5$ (Abb. 13). Eine bedeutende Widerstandserhöhung tritt ein bei Vereinigung der Ströme für das durch die Hauptleitung zugelieferte und in ihr abströmende Wasser: bei richtigem Einbau ist für $Q_a/Q = 1$ $\zeta_d = -0{,}35$ (Abb. 21), bei widersinnigem Einbau dagegen $\zeta_d = +0{,}86$ (Abb. 23).

Die ζ_d-Werte bei Trennung sind für widersinnigen und richtigen Einbau ungefähr gleich.

Verlustleistung.

Um ein anschauliches Bild von den gesamten auftretenden Verlusten (die sich aus den Teilverlusten hw_a und hw_d zusammensetzen) zu bekommen, ist in den folgenden Darstellungen die gesamte relative Verlustleistung ϱ der einzelnen T-Stücke abhängig vom Wassermengenverhältnis

Q_a/Q aufgetragen worden. Wie bei den Untersuchungen von Petermann[1]) wurde, um von den Abmessungen des T-Stückes unabhängig zu sein, die jeweilige Verlustleistung ins Verhältnis zur gesamten zugeführten Leistung gesetzt.

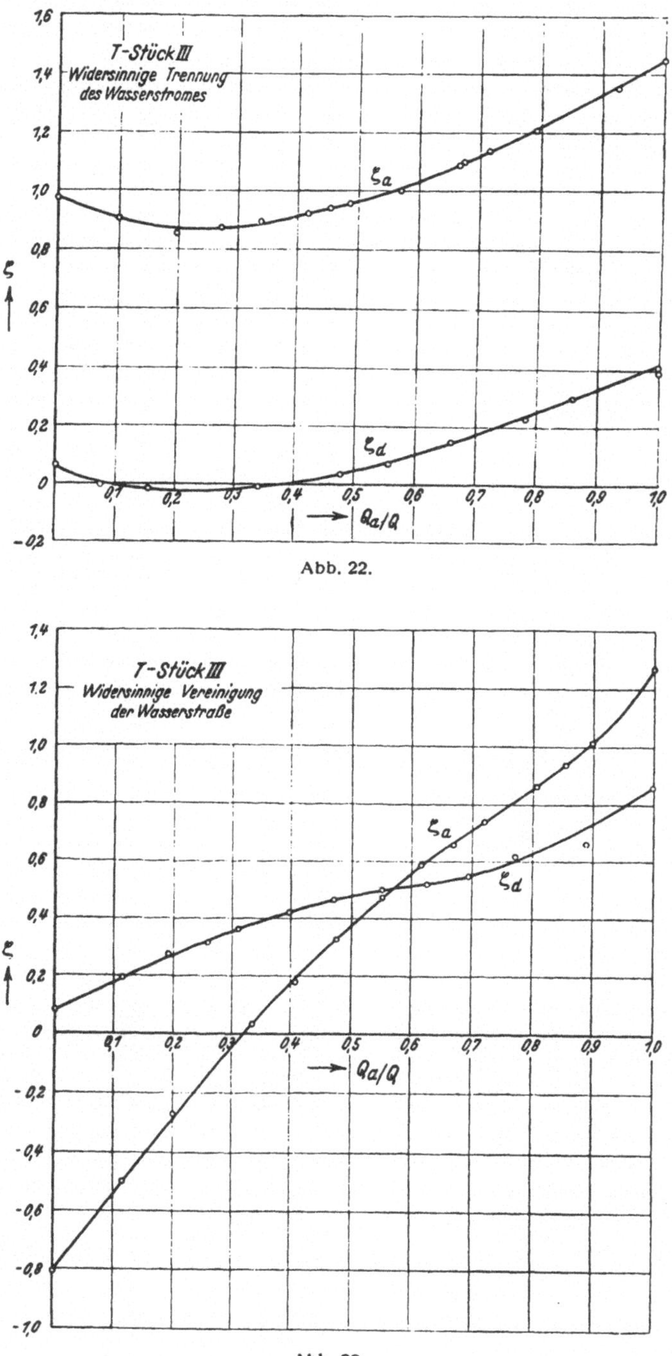

Abb. 22.

Abb. 23.

[1]) Mitteilungen des Hydraulischen Instituts der Technischen Hochschule München, Heft 3 S. 114.

T-Stück I
Ges. relat. Verlustleist
für Trennung
ρ
Qa/Q
1
2
3

Abb. 24.

T-Stück II
Ges. relat. Verlustleist.
für Trennung
ρ
Qa/Q
1
2
3

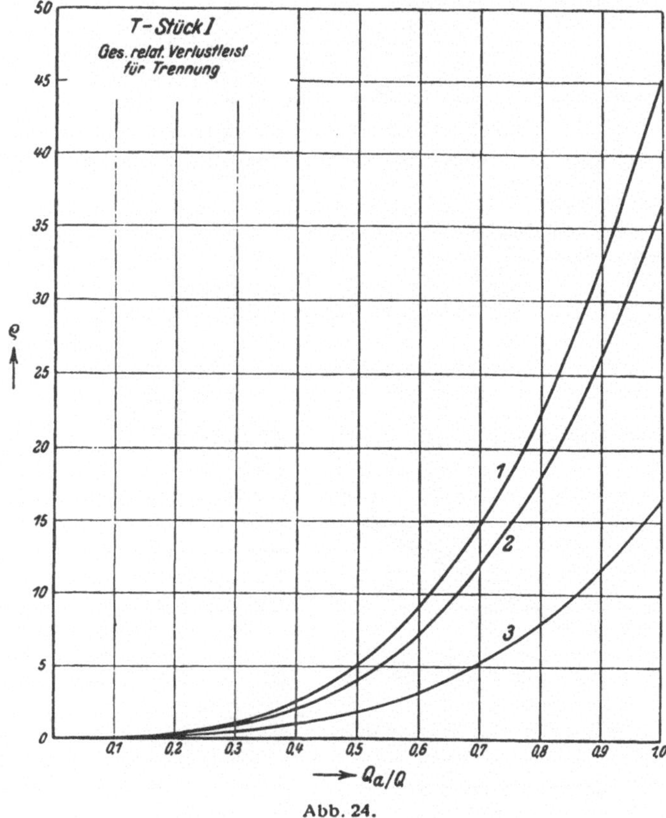

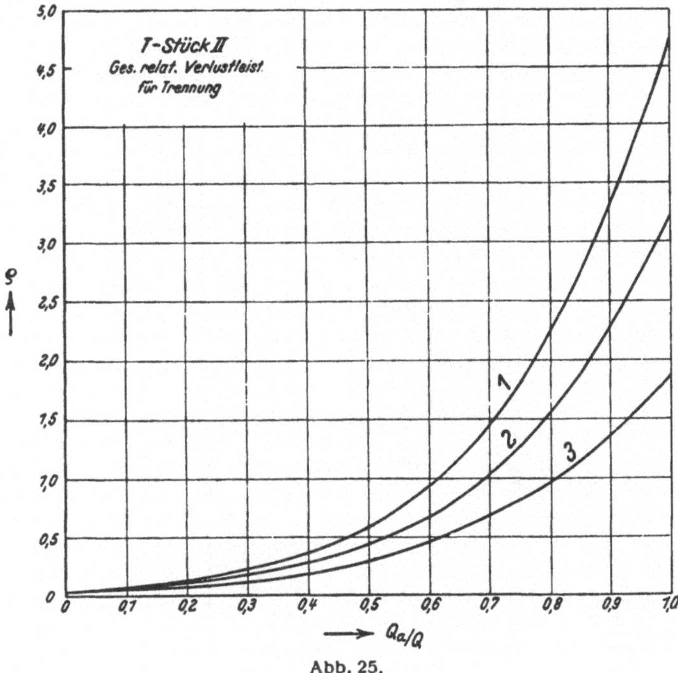

Abb. 25.

Man erhält bei Trennung des Stromes:

$$\varrho = \zeta_a \cdot Q_a/Q + \zeta_d \, (1 - Q_a/Q)$$

und bei Vereinigung:

$$\varrho = \frac{\zeta_a \cdot Q_a/Q + \zeta_d \, (1 - Q_a/Q)}{(Q_a/Q)^3 \cdot (f/f_a)^2 + (1 - Q_a/Q)^3 \cdot (f/f_d)^2}$$

Abb. 24, 25 und 26 geben die Verlustleistung bei Trennung des Stromes an. Eine Abrundung der

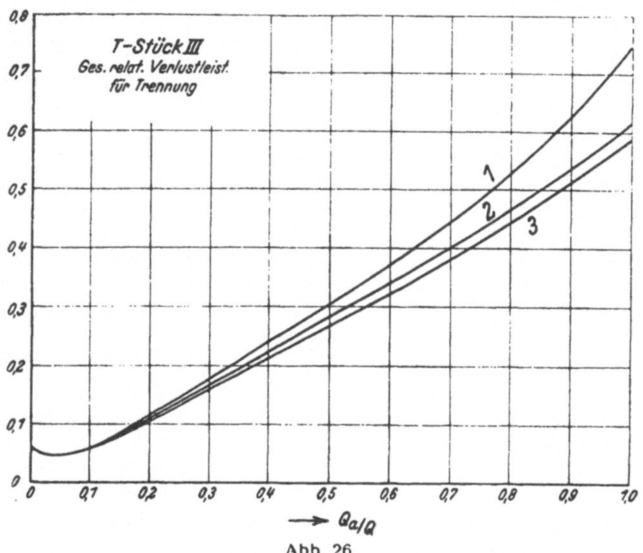

Abb. 26.

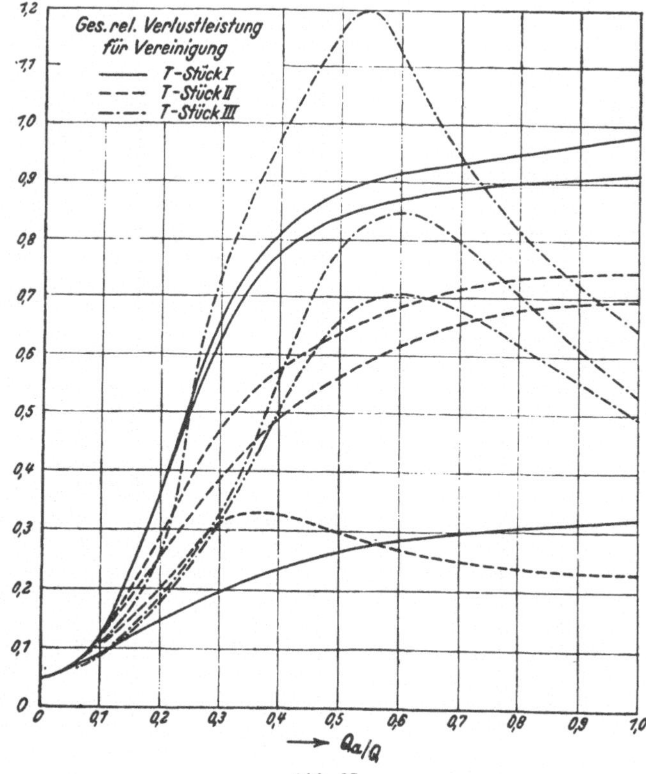

Abb. 27.

scharfen Kanten bzw. eine konische Erweiterung vermindert die Verlustleistung in allen Fällen. Für große Wassermengen Q_a ist das hydraulisch günstigste Formstück das T-Stück III, das man deshalb dann verwenden wird, wenn durch den Abzweig große Wassermengen Q_a abgeführt werden sollen und dabei die Verlustleistung möglichst klein sein soll.

Die Verlustleistungen bei Vereinigung der Ströme sind in Abb. 27 angegeben.

Um die Verlustleistungen von Rohrverzweigungen mit verschiedenem Abzweigwinkel δ miteinander vergleichen zu können, wurde für den Fall des scharfkantigen Anschlusses die von Vogel

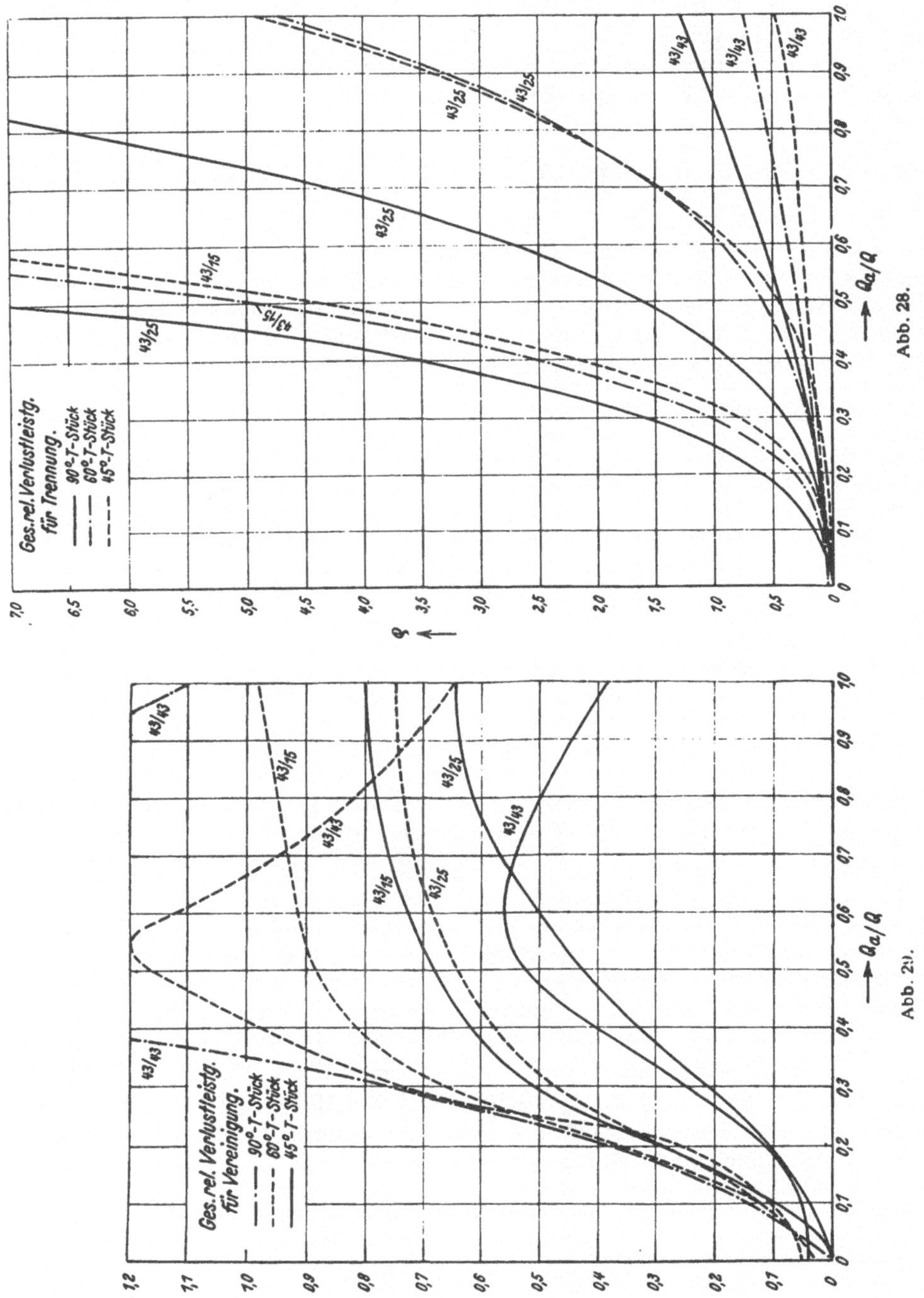

(90⁰-T-Stück) bzw. Petermann (45⁰-T-Stück) errechneten Werte mit den hier gefundenen in einem gemeinsamen Schaubild dargestellt (Abb. 28 und 29). Die gesamte relative Verlustleistung für Trennung des Stromes nimmt stets mit dem Abzweigwinkel δ ab. Eine Ausnahme bildet das T-Stück II für $\delta = 60^0$ und $\delta = 45^0$. Bei Wassermengenverhältnissen $Q_a/Q = 0{,}73$ bis $1{,}0$ ist es für die Größe der Verlustleistung praktisch gleichgültig, ob der Abzweigwinkel 60⁰ oder 45⁰ beträgt. Das ist aber ein Q_a/Q, für welches das T-Stück II mit $d_a/d = 0{,}58$ nicht mehr geeignet ist. Für den Fall der Vereinigung konnten nur die von Petermann und die am 90⁰-T-Stück vom Durchmesser-verhältnis $d_a/d = 1$ gefundenen Werte zum Vergleich herangezogen werden. Die aus den Untersuchungen von Vogel hervorgegangenen Werte für Vereinigung blieben unberücksichtigt. Aus dem Verlauf der Kurven kann man erkennen, daß für alle Durchmesserverhältnisse die Verlustleistung stets um so kleiner wird, je schräger der Abzweig ist.

III. Der Verlust in Abzweigstücken mit 90⁰ Abzweigwinkel bei $d_a = d$.

In Heft 2 der Mitteilungen des Hydraulischen Instituts der Technischen Hochschule München berichtet Vogel[1]) über Versuche an rechtwinkligen Rohrverzweigungen vom Durchmesserver-hältnis $d_a/d = 1$. Diese Untersuchungen wurden mit Hilfe der neuen Versuchseinrichtung, in der auch die schiefwinkligen Verzweigstücke versucht wurden, teilweise wiederholt und erweitert.

Bei der früheren Anordnung bestand das Formstück aus Gußeisen und sämtliche Rohre aus Stahl. Es war damals trotz aller Vorsicht nicht möglich gewesen, das Rosten dieser Teile voll-

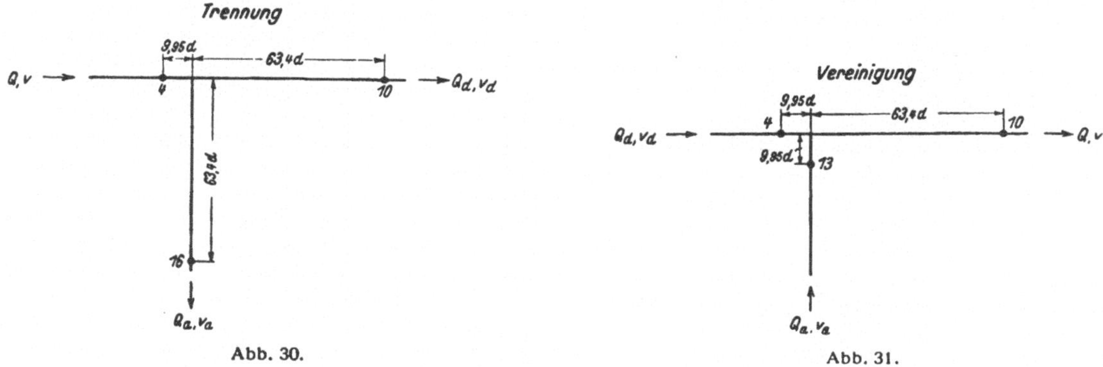

Abb. 30.   Abb. 31.

ständig zu verhindern. Man neigte daher zu der Vermutung[2]), daß die von Vogel angegebenen Widerstandsbeiwerte mit kleinen systematischen Fehlern behaftet seien. Zum Teil wurde diese Vermutung durch die vorliegenden Versuche bestätigt. Die neue Versuchsanordnung war genau die von Petermann[3]) beschriebene.

Wenn auch Vogel für senkrechten Abzweig gefunden hatte, daß bereits nach einer Entfernung von ungefähr 35 bis 40 d hinter der Trennstelle die Störung der Strömung, die durch den Einbau des Abzweigstückes entsteht, abgeklungen ist, so wurde jetzt doch eine längere Meßstrecke gewählt. Dies geschah auch schon deshalb, um Einheitlichkeit mit den Untersuchungen an schiefwinkligen Verzweigungen zu bekommen. Für den Fall der Trennung des Stromes wurden die Druckhöhen-unterschiede zwischen den Meßstellen 4 und 16 bzw. 4 und 10 (Abb. 30), für den Fall der Vereinigung der Ströme zwischen den Meßstellen 13 und 10 bzw. 4 und 10 (Abb. 31) der Auswertung zugrunde gelegt. Die innerhalb dieser Meßstellen auftretenden Wandreibungsverluste wurden von den gemessenen Druckdifferenzen in Abzug gebracht.

---

[1]) V o g e l in den Mitteilungen des Hydraulischen Instituts der Technischen Hochschule München, Heft 2.

[2]) Siehe Heft 2 Seite 63, Fußnote.

[3]) P e t e r m a n n in den Mitteilungen des Hydraulischen Instituts der Technischen Hochschule München, Heft 3.

Die Versuchskörper selbst bestanden aus Rotguß und hatten ebenso wie die Rohre glatte Wandungen. Zunächst wurde das Formstück mit scharfen Kanten untersucht; später wurden an beiden Zweigen der Durchdringungskurve Abrundungen mit $r_1 = 0,1\ d_a$ und $r_2 = 0,2\ d_a$ angebracht (siehe Abb. 32).

Die vorliegenden Untersuchungen zeigten wieder, daß bei gleichbleibendem Wassermengenverhältnis Q_a/Q die Widerstandsbeiwerte nicht merklich abhängen von der absoluten Größe der Geschwindigkeit. Die Widerstandsbeiwerte wurden deshalb wie früher als Funktion von Q_a/Q

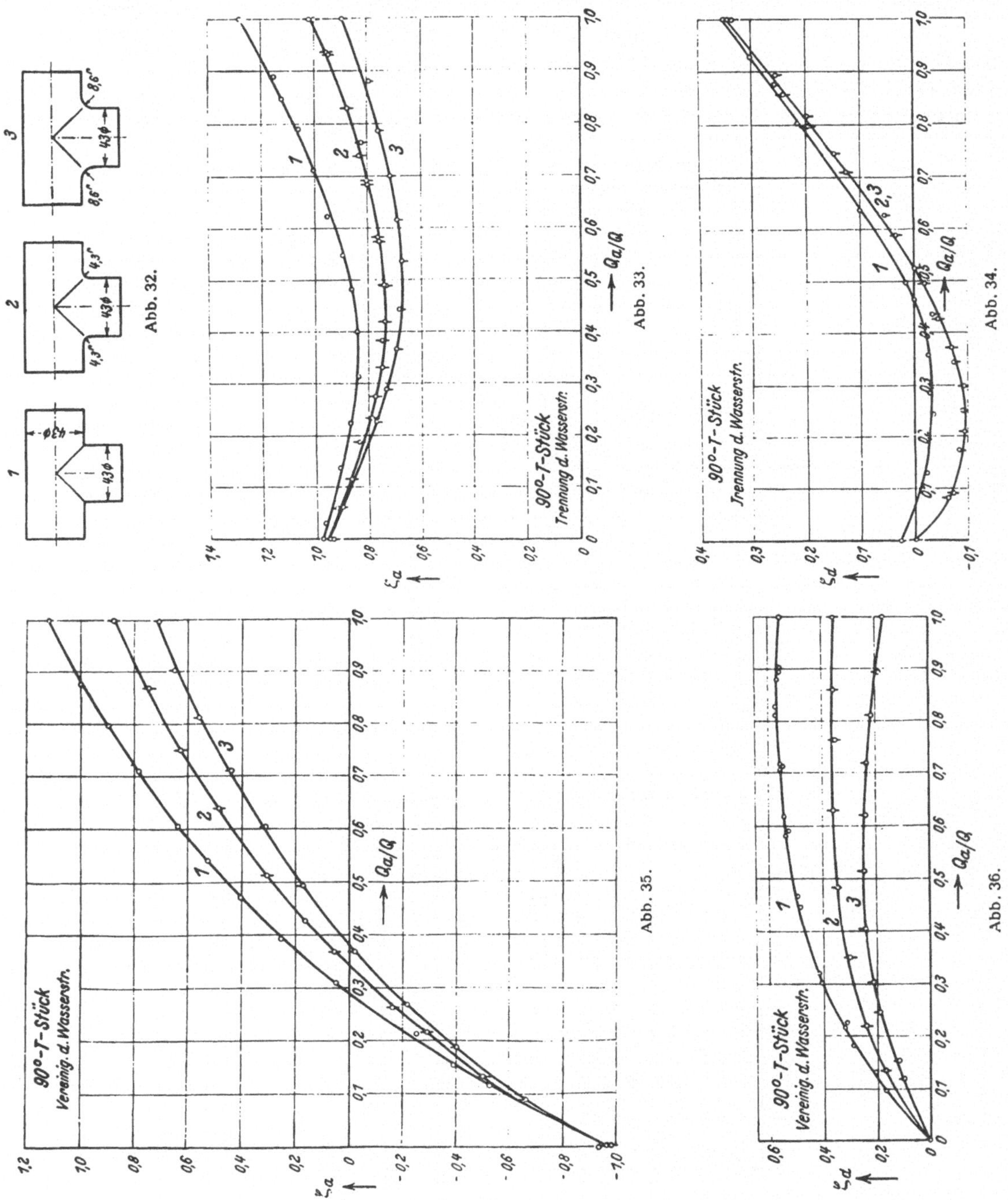

allein angegeben. Die den Kurven angeschriebenen Zahlen beziehen sich auf die Abrundungen, die aus Abb. 32 zu entnehmen sind. Für scharfe Kanten und Trennung des Stromes (Abb. 33 und 34) sind die gefundenen ζ-Werte von den von Vogel gefundenen Werten nicht sonderlich verschieden. Größere Abweichungen ergeben sich aber bei Vereinigung der Ströme (Abb. 35 und 36). Die ζ_a-Werte liegen hier höher; die ζ_d-Werte zeigen gekrümmten, und nicht wie Vogel angibt, geradlinigen Verlauf. Eine Abrundung der Kanten mit den angegebenen Krümmungsradien vermindert den Verlust in allen Fällen. Für den Fall der Vereinigung werden, im Gegensatz zu den schiefwinkligen Verzweigstücken, durch Anbringung der Abrundungen die Verluste beträchtlich herabgesetzt.

Um die Gesamtverluste beurteilen zu können, wurde in beiden Fällen die gesamte relative Verlustleistung nach früher angegebenen Formeln errechnet, und in Abb. 37 und 38 in bekannter Weise zur Darstellung gebracht.

Aus allen Kurven ist erkennbar, daß die Verluste mit stärkerer Abrundung stets abnehmen.

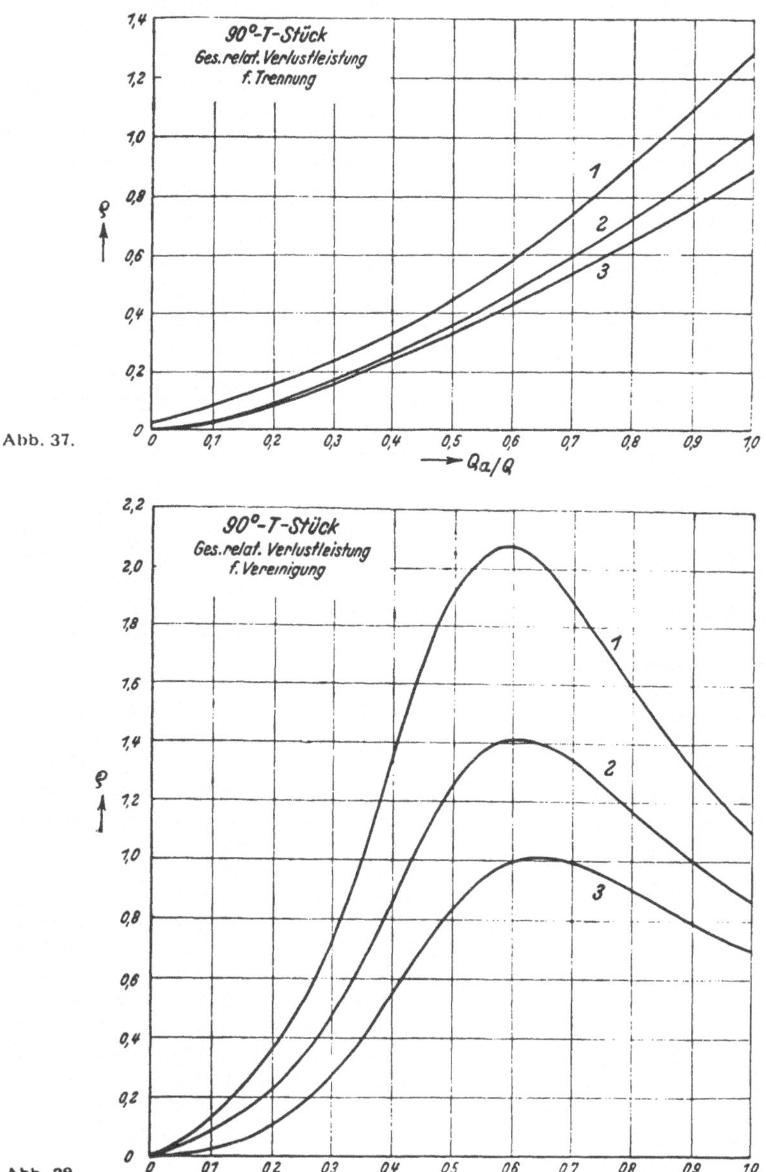

Abb. 37.

Abb. 38.

IV. Zusammenfassung der Ergebnisse aller im Hydraulischen Institut der Technischen Hochschule München ausgeführten Untersuchungen an glattwandigen Abzweigstücken.

Untersucht wurden T-Stücke mit Abzweigwinkeln von

$$\delta = 90^0$$
$$\delta = 60^0$$
$$\delta = 45^0$$

Sämtliche Untersuchungen erstreckten sich auf die drei Durchmesserverhältnisse:

$$d_a/d = 0{,}349$$
$$d_a/d = 0{,}581$$
$$d_a/d = 1{,}0$$

A. Fall der Trennung des Wasserstromes.

(Nach D. Thoma[1] mit einigen Erweiterungen.)

Da für den Fall der Trennung des Wasserstromes der Verlust für einen der beiden Teile in vielen Fällen bedeutungslos sein kann, ist hier die Darstellung der Verluste mit Hilfe der Verlustleistung verlassen worden. Es werden vielmehr die auftretenden Teilverluste hw_a und hw_d getrennt für verschiedene Abzweigwinkel δ verglichen.

1. Innerhalb des untersuchten Bereiches (Abzweigwinkel von $\delta = 90^0$ bis $\delta = 45^0$) nehmen die Energieverluste des in der Abzweigleitung weiterströmenden Wassers bei allen untersuchten Formstücken stets mit dem Abzweigwinkel δ ab.

2. Eine Abrundung der Kanten mit einem Abrundungshalbmesser von $r = 0{,}1\ d_a$, wie sie hier hauptsächlich untersucht wurde, bringt in allen Fällen eine Verminderung der Verluste für das abzweigende Wasser. Besonders einschneidend ist diese Verminderung bei kleinem Durchmesserverhältnis d_a/d. Besteht die konstruktive Möglichkeit, den Abrundungsradius noch größer zu machen als hier untersucht wurde, so werden die Widerstandsbeiwerte noch weiter zurückgehen. Ein konisches Zwischenstück zwischen Haupt- und Abzweigleitung geschaltet, vermindert die Verluste noch mehr als eine Abrundung. Ein Erweiterungswinkel von 12^0 bis 14^0, d. i. 6^0 bis 7^0 Neigung der Mantellinie gegen die Achse, erweist sich als der hydraulisch beste.

3. Der Widerstandsbeiwert des geradeaus weiterströmenden Wassers ist praktisch unabhängig vom Abzweigwinkel, Abzweigdurchmesser und von der Form der Kanten an der Durchdringungsstelle; er wird nur beeinflußt von der Größe des Wassermengenverhältnisses Q_a/Q.

4. Soll ein T-Stück für ein bestimmtes Wassermengenverhältnis Q_a/Q und für einen festliegenden Abzweigwinkel entworfen werden, und sollen durch geeignete Wahl des Abzweigdurchmessers die Verluste des im Abzweig weiterströmenden Wassers möglichst klein gehalten werden, so ist folgendes zu beachten:

a) für scharfe Kanten:

sind bei einem T-Stück die Kanten scharf gelassen, so ist es bei allen untersuchten Abzweigwinkeln und Wassermengenverhältnissen Q_a/Q (ausgenommen $\delta = 45^0$ und $Q_a/Q = 0{,}3$) hydraulisch am besten, wenn man den Abzweigdurchmesser $d_a = d$ macht. Eine Ausnahme bildet der eben angeführte Fall, wobei für $d_a = 0{,}58\ d$ die Verluste der in den Abzweig abströmenden Flüssigkeit am kleinsten werden (siehe Tabelle).

b) für abgerundete Kanten ($r = 0{,}1\ d_a$):

sind die Kanten mit $r = 0{,}1\ d_a$ abgerundet, so hat bei einem Abzweigwinkel von $\delta = 90^0$ das T-Stück mit dem Abzweigdurchmesser $d_a = d$ bei allen Wassermengenverhältnissen Q_a/Q den geringsten

---

[1] D. Thoma, Bericht zur Weltkraftkonferenz in Tokio 1929.

Widerstandsbeiwert. Eine rechtwinklige Rohrverzweigung (mit scharfen oder abgerundeten Kanten) wird man daher zweckmäßig immer so gestalten, daß die Durchmesser in allen drei Leitungen gleich groß sind. Es besteht dann immer noch die Möglichkeit, den Abzweigdurchmesser mit Hilfe einer düsenförmigen Verengung, die man erst nach dem T-Stück anbringt, auf eine kleinere Größe zu bringen.

Für Wassermengenverhältnisse $Q_a/Q > 0,7$ ist es hydraulisch am besten, auch bei Abzweigwinkeln $\delta < 90^0$ $d_a = d$ zu machen. Dagegen wählt man den Abzweigdurchmesser d_a bei $Q_a/Q < 0,7$ und $\delta < 90^0$ zweckmäßig so,

$$\text{daß bei } \delta = 60^0 \quad v_a \approx 0,8\, v$$
$$\text{und bei } \delta = 45^0 \quad v_a \approx 0,9\, v \text{ wird.}$$

Hydraulisch günstige Abzweigdurchmesser d_a opt bei gegebenem Abzweigwinkel δ und gegebenem Wassermengenverhältnis Q_a/Q für scharfe und mit $r = 0,1\, d_a$ abgerundete Kanten. (Fall der Trennung des Stromes.)

Tabelle I.

δ	$Q_a/Q = 0,3$		$Q_a/Q = 0,5$		$Q_a/Q = 0,7$	
	scharfkantig	abgerundet $r = 0,1\, d_a$	scharfkantig	abgerundet $r = 0,1\, d_a$	scharfkantig	abgerundet $r = 0,1\, d_a$
90^0	d_a opt $= d$ $v_a = 0,3\, v$ $\zeta_a = 0,85$	d_a opt $= d$ $v_a = 0,3\, v$ $\zeta_a = 0,76$	d_a opt $= d$ $v_a = 0,5\, v$ $\zeta_a = 0,87$	d_a opt $= d$ $v_a = 0,5\, v$ $\zeta_a = 0,74$	d_a opt $= d$ $v_a = 0,7\, v$ $\zeta_a = 1,0$	d_a opt $= d$ $v_a = 0,7\, v$ $\zeta_a = 0,8$
60^0	d_a opt $= d$ $v_a = 0,3\, v$ $\zeta_a = 0,7$	d_a opt $= 0,61\, d$ $v_a = 0,8\, v$ $\zeta_a = 0,59$	d_a opt $= d$ $v_a = 0,5\, v$ $\zeta_a = 0,59$	d_a opt $= 0,79\, d$ $v_a = 0,8\, v$ $\zeta_a = 0,54$	d_a opt $= d$ $v_a = 0,7\, v$ $\zeta_a = 0,57$	d_a opt $= d$ $v_a = 0,7\, v$ $\zeta_a = 0,52$
45^0	d_a opt $= 0,58\, d$ $v_a = 0,9\, v$ $\zeta_a = 0,43$	d_a opt $= 0,58\, d$ $v_a = 0,9\, v$ $\zeta_a = 0,35$	d_a opt $= d$ $v_a = 0,5\, v$ $\zeta_a = 0,42$	d_a opt $= 0,75\, d$ $v_a = 0,9\, v$ $\zeta_a = 0,32$	d_a opt $= d$ $v_a = 0,7\, v$ $\zeta_a = 0,34$	d_a opt $= d$ $v_a = 0,7\, v$ $\zeta_a = 0,3$

In der Tabelle I sind die hydraulisch günstigsten Abzweigdurchmesser für ein bestimmtes Wassermengenverhältnis Q_a/Q und für einen bestimmten Abzweigwinkel δ sowohl für scharfe als auch für abgerundete Kanten angegeben.

5. In Fällen, bei denen der Verlust des in den Abzweig strömenden Wassers keine Rolle spielt (wenn z. B. der Abzweig selten benutzt wird oder bei kleinen Wassermengenverhältnissen Q_a/Q), muß man beachten, daß auch dann, wenn kein Wasser durch den Abzweig abströmt, ein Verlust auftritt für das geradeaus weiterfließende Wasser. Das durch die Einmündung der Abzweigleitung entstandene Loch in der Rohrwand der Durchgangsleitung stört die Strömung und bewirkt einen Verlust für das geradeaus strömende Wasser, der ungefähr 5% der Geschwindigkeitshöhe ausmacht. Wird das Loch in der Rohrwand kleiner (bei $d_a = 25$ mm und $d_a = 15$ mm), so kann man den auftretenden Verlust aus den Kurven für ζ_d nicht mehr entnehmen. Der Verlust liegt innerhalb der Streuungen der Versuchspunkte. Man darf aber annehmen, daß der Verlust mit dem Quadrat des Durchmesserverhältnisses d_a/d abnimmt. In diesem Sonderfall wird man zweckmäßig von der vorher angegebenen Konstruktionsregel, daß man d_a möglichst groß machen soll, abweichen.

B. Fall der Vereinigung der Wasserströme.

1. Wie für den Fall der Trennung des Stromes werden auch hier die Energieverluste des durch den Abzweig zugelieferten und in der Hauptleitung weiterströmenden Wassers stets um so kleiner, je schräger der Abzweig ist.

2. Eine Abrundung der Kanten mit $r = 0\,1\,d_a$ vermindert zwar die Widerstandsbeiwerte ζ_a in allen Fällen; diese Verminderung ist jedoch bei den meisten untersuchten Formstücken unbedeutend. Eine Ausnahme bilden die T-Stücke III mit Abzweigwinkeln von $\delta = 60^0$ und $\delta = 90^0$. Aus den Versuchsergebnissen mit diesen Formstücken ist ersichtlich, daß eine Abrundung mit mehr als $0,1\,d_a$ die Widerstandsbeiwerte erheblich herabsetzt. Ein kegeliges Zwischenstück mit einem Erweiterungswinkel von 12^0 bis 14^0 in die Übergangsstelle von Zweig- zur Hauptleitung geschaltet, bewirkt eine weitere große Verminderung der Verluste.

3. Die Widerstandsbeiwerte für die durch die Hauptleitung zugelieferte und geradeaus weiterströmende Flüssigkeit nehmen mit dem Abzweigwinkel δ zu. Je schräger der Abzweig ist, um so größer ist die Saugwirkung.

4. Früher (Fall der Trennung) war nur der Widerstandsbeiwert ζ_a von Bedeutung, da die Werte ζ_d als praktisch unabhängig vom Abzweigwinkel, Abzweigdurchmesser und von der Form der Kanten angesehen werden können. Das trifft aber für den Fall der Vereinigung nicht mehr zu; deshalb sollen jetzt die einzelnen Abzweigstücke mit Hilfe der gesamten relativen Verlustleistung verglichen werden. Wie auch für den Fall der Trennung sind in der Tabelle II für bestimmte Wassermengenverhältnisse Q_a/Q und Abzweigwinkel δ die hydraulisch günstigsten Abzweigdurchmesser angegeben.

Hat man für einen bestimmten Betriebszustand aus den Tabellen I oder II den jeweils hydraulisch günstigsten Abzweigdurchmesser entnommen, so besteht noch die Möglichkeit, die Verluste durch Einschaltung eines kegeligen Zwischenstückes (soweit dies konstruktiv durchführbar ist) weiter zu vermindern.

Hydraulisch günstige Abzweigdurchmesser d_a opt bei gegebenem Abzweigwinkel δ und gegebenem Wassermengenverhältnis Q_a/Q für scharfe und mit $r = 0,1\,d_a$ abgerundete Kanten. (Fall der Vereinigung der beiden Ströme.)

Tabelle II.

Abzweig-winkel	$Q_a/Q = 0,3$		$Q_a/Q = 0,5$	
	scharfkantig	abgerundet	scharfkantig	abgerundet
60^0	d_a opt $= 0,58\,d$ $v_a = 0,9\,v$ $\varrho = 0,475$	d_a opt $= d$ $v_a = 0,3\,v$ $\varrho = 0,33$	d_a opt $= 0,58\,d$ $v_a = 1,5\,v$ $\varrho = 0,637$	d_a opt $= 0,58\,d$ $v_a = 1,5\,v$ $\varrho = 0,563$
45^0	d_a opt $= 0,58\,d$ $v_a = 0,9\,v$ $\varrho = 0,2$	d_a opt $= 0,58\,d$ $v_a = 0,9\,v$ $\varrho = 0,2$	d_a opt $= 0,58\,d$ $v_a = 1,5\,v$ $\varrho = 0,425$	d_a opt $= 0,58\,d$ $v_a = 1,5\,v$ $\varrho = 0,425$
	$Q_a/Q = 0,7$		$Q_a/Q = 1,0$	
	scharfkantig	abgerundet	scharfkantig	abgerundet
60^0	d_a opt $= 0,58\,d$ $v_a = 2,0\,v$ $\varrho = 0,715$	d_a opt $= 0,58\,d$ $v_a = 2,0\,v$ $\varrho = 0,655$	d_a opt $= d$ $v_a = v$ $\varrho = 0,645$	d_a opt $= d$ $v_a = v$ $\varrho = 0,53$
45^0	d_a opt $= d$ $v_a = 0,7\,v$ $\varrho = 0,540$	d_a opt $= d$ $v_a = 0,7\,v$ $\varrho = 0,525$	d_a opt $= d$ $v_a = v$ $\varrho = 0,38$	d_a opt $= d$ $v_a = v$ $\varrho = 0,38$

Der verbesserte Apparat zur Beurteilung der Schmierfähigkeit von Ölen.

Von Dr.-Ing. **Rolf Voitländer, München.**

Die Untersuchungen an dem früher beschriebenen Ölprüfapparat, bei dem durch Berührung zweier Kreiszylinder mit gekreuzten Achsen planmäßig eine genau herstellbare und genau reproduzierbare Quetschstelle gebildet wird[1]), haben trotz der durchwegs guten Ergebnisse eine Verbesserungsmöglichkeit für den Prüfapparat aufgedeckt. Deswegen wurde ein neuer Apparat hergestellt, bei dessen Entwurf vor allem die Absicht maßgebend war, die Gewichte geringer zu halten

Abb. 1.

als beim ersten Apparat. Der Eindruck des letzteren als Maschine sollte aufgehoben werden, indem eine möglichste Näherung an ein physikalisches Gerät mit größtmöglichster Genauigkeit der Anzeigen erstrebt wurde.

Die Versuche am ersten Apparat hatten nämlich ergeben, daß die Drücke, mit denen die Gegenrolle (früher Antriebsrolle genannt) gegen die Meßrolle gepreßt wird, zu hoch gewählt waren. Die Unterschiede der Reibungswerte der untersuchten Schmiermittel hatten sich bei kleinen Drücken prozentual größer erwiesen, als die bei höheren Drücken. Um auch bei kleinen Drücken noch genau genug messen zu können, wurde das Schwingsystem möglichst klein gemacht und aus Aluminiumguß ausgeführt. Ein Gegengewicht hält das unbelastete System im Gleichgewicht. Während beim ersten Apparat die Anpreßdrücke in den Grenzen von 1550 g bis 9000 g gehalten werden konnten, gewährt der neue Apparat einen Bereich von 200 g bis 4000 g.

---

[1]) Wegen der Einzelheiten siehe R. Voitländer, Untersuchungen an einem neuen Apparat zur Beurteilung der Schmierfähigkeit von Ölen. Mitteilungen des Hydraulischen Instituts der Technischen Hochschule München, Heft 3.

Die Änderungen waren hauptsächlich folgende: Die Hauptstrommotoren wurden durch Nebenschlußmotoren ersetzt, um die Nachregelung und die dauernde Beobachtung der Umlaufzahlen unnötig zu machen. Der Antrieb erfolgt statt wie am ersten Apparat durch Rundriemen nunmehr durch direkte Kupplung der Motoren mit den Vorgelegen. Die Hubdauer der Achsialverschiebung der beiden Rollen wurde vergrößert, um mehr Zeit zur Beobachtung zu gewinnen. An Stelle der beiden mechanischen Endausschalter des ersten Apparates wurden am verbesserten Apparat zwei Schleifkontakte angebracht, die, mit je einem Relais verbunden, die Achsialbewegungen begrenzen. Die Reibungen in Lagern wurden durch entsprechende Anordnungen verringert; etwaige Meßfehler, die bei größeren schädlichen Reibungen entstehen, werden dadurch ausgeschaltet. Durch präzise Ausführung der Torsionswaage werden Ablesungen der Reibungswerte bis auf 0,5 g möglich. Dazu war es allerdings nötig, den Antrieb der Meßrolle besser auszugestalten als früher. Beim ersten Apparat erfolgte dieser durch Stirnzahnräder. Die Achsialverschiebung wurde durch Gleiten dieser Zahnräder bewerkstelligt. Dieses Gleiten gab jedoch Anlaß zu schäd-

Abb. 2.

lichen Reibungen zwischen den Profilpaaren. Durch eine neue, von Professor Dr. D. Thoma vorgeschlagene Anordnung, die aus den Abb. 3 und 5 ersichtlich ist, wird das Drehmoment durch eine ausgewuchtete Gabel auf die Welle der Meßrolle übertragen; der Antrieb der Gabel geschieht durch einen rotierenden Zylinder, der in einem sich drehenden Zahnrad gelagert ist. Letzteres steht mit dem letzten Zahnrad des Vorgeleges im Eingriff. Der Zylinder wird durch ein Planetengetriebe schnell um seine eigene Achse gedreht. Die auf der Meßrollenwelle sitzende Gabel stützt sich deswegen stets auf eine Fläche, die eine so große Geschwindigkeit in radialer Richtung hat, daß im Vergleich zu ihr die geringe achsiale Verschiebungsgeschwindigkeit der Gabel verschwindet. Die Reibung ist deswegen stets praktisch radial gerichtet und hat keine die Messung störende Komponente.

Der Apparat wurde im Jahre 1929 vom Verfasser entworfen und größtenteils in der Werkstätte des Hydraulischen Instituts ausgeführt; er ist in den Abb. 1 bis 5 dargestellt; in den Zeichnungen sind aus Gründen der Übersichtlichkeit die Motoren mit den Kupplungen weggelassen.

Vorversuche ergaben, daß das Drehzahlenverhältnis $\frac{n_1}{n_2} = 1$ (n_1 = Umdrehung der Gegenrolle $= 300$ U/min; n_2 = Umdrehung der Meßrolle $= 300$ U/min), wie es bei der Konstruktion vorgesehen war, nicht beibehalten werden konnte, da durch die raschen Umläufe Strömungen im Öl entstanden, die im Vergleich zu den bei dem kleinen Anpreßdruck verkleinerten Reibungskräften sich als dauernde Verschiebungen der relativen Mittellage störend äußerten. Als günstige Drehzahlen ergaben sich $n_1 = 50$ U/min und $n_2 = 300$ U/min; durch ein weiteres, in den Abbildungen weggelassenes Vorgelege wurde diese verminderte Drehzahl der Meßrolle erreicht.

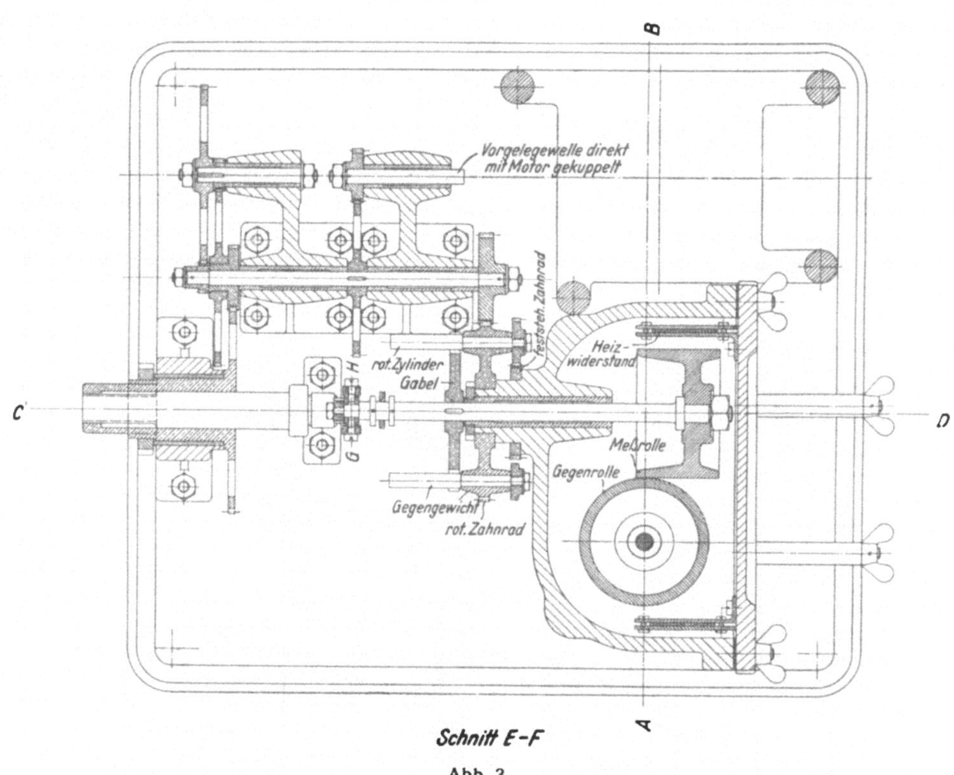

Abb. 3.

Abb. 4.

Schnitt G - H
Zeiger für Mittellage
Spiegelskala
rot Zylinder
Torsionsfeder
Gegengewicht
Gabel

Abb. 5.

$\eta = f(t)$
Amerikan. Masch. Oel
$\eta = 0.00857 \left[\frac{kg \cdot s}{m^2}\right]$
Rohes Ruböl
$\longrightarrow \eta \cdot \left[\frac{kg \cdot s}{m^2}\right]$
$\longrightarrow t\,[^\circ C]$

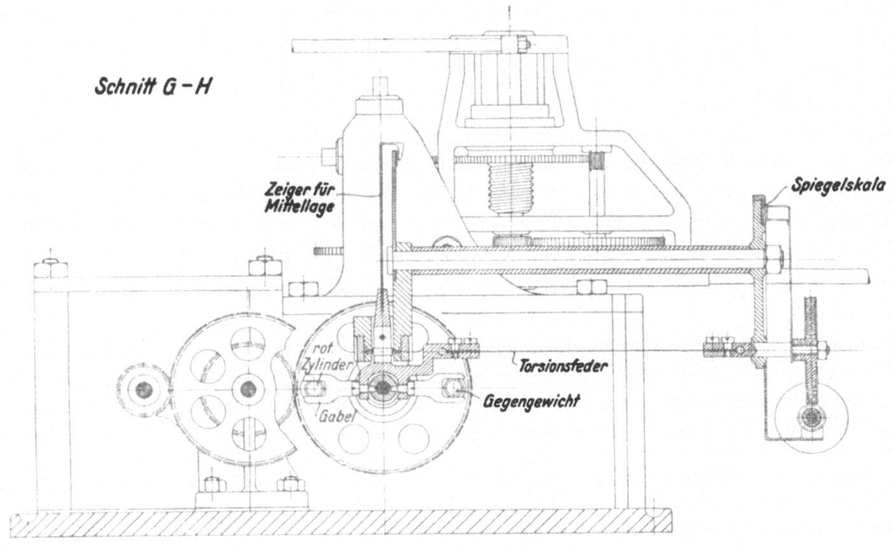

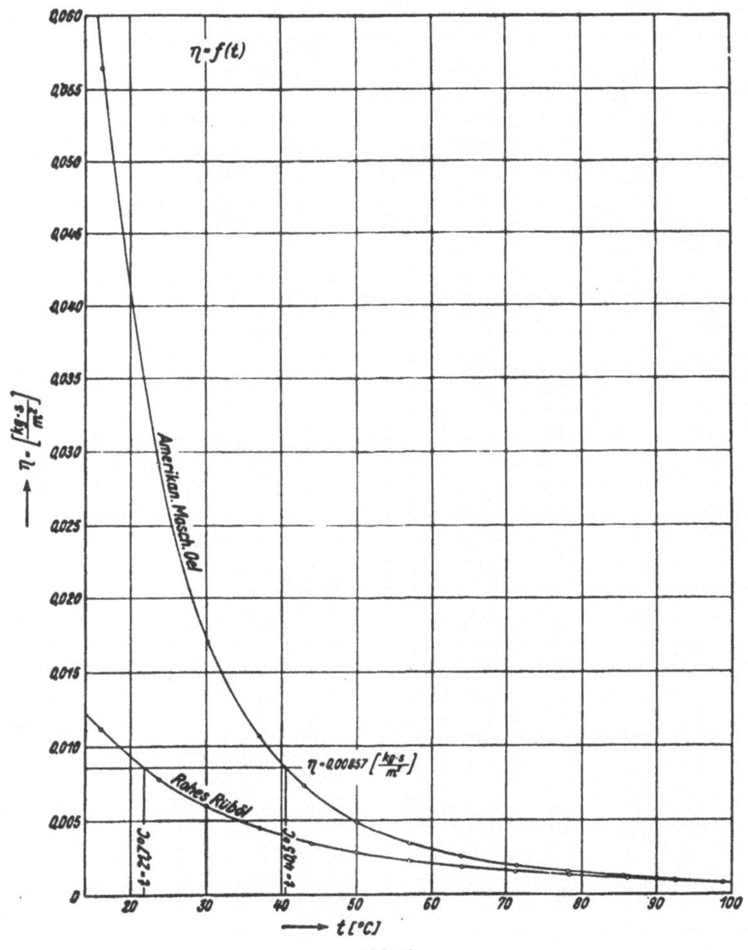

Abb. 6.

Weitere Versuche hatten zum Ergebnis, daß der bemerkenswerte Unterschied zwischen einem Mineralöl und einem Pflanzenöl, wie er beim ersten Apparat konstatiert werden konnte, nicht in gleichem Maße erzielt wurde. Als Ursache dafür wurde ermittelt, daß das Metall, aus dem die neuen Rollen hergestellt waren, ein anderes als das der alten Rollen war. Lagermetalluntersuchungen am ersten Apparat hatten bereits einen ganz bedeutenden Einfluß des Werkstoffes auf die Schmierung aufgedeckt. Für die Zwecke der Öluntersuchung erwies sich dann leicht gehärteter Chromnickelstahl (auf 780⁰ C erwärmt und in Luft abgekühlt) als günstig, da er gerade die Härte besitzt, die notwendig ist, um die bei weicherem Material durch die hohen spezifischen Flächenpressungen entstehenden Verletzungen der Rollenoberflächen zu vermeiden und den bereits am ersten Apparat erreichten Schmierfähigkeitsunterschied des Mineralöles und des Pflanzenöles anzuzeigen.

Zur Kontrolle der Reibungsanzeigen wurden an beiden Apparaten ein Mineralöl und ein Pflanzenöl bei gleichen Betriebsverhältnissen und gleichem Rollenmaterial geprüft. Die beiden Öle, deren Eigenschaften in der nachstehenden Tabelle angegeben sind und deren Zähigkeit, im Vogel-Ossag-Viskosimeter gemessen, in Abhängigkeit der Temperatur in Abb. 6 aufgetragen ist, wurden bei gleicher Zähflüssigkeit ($\eta = 0{,}00857 \left[\dfrac{\mathrm{kg} \cdot \mathrm{s}}{\mathrm{m}^2} \right]$) untersucht, die durch Einstellung der entsprechenden Temperatur erreicht wurde.

Tabelle.

Schmiermittel	Spez. Gew. bei 15⁰ C	Zähigkeit bei 50⁰ C		Temp. bei
		Engler ⁰	$\eta \left[\dfrac{\mathrm{kg} \cdot \mathrm{s}}{\mathrm{m}^2} \right]$	$\eta = 0{,}00857 \left[\dfrac{\mathrm{kg} \cdot \mathrm{s}}{\mathrm{m}^2} \right]$
Amerikan. Masch.-Öl . .	0,924	7,08	0,00490	40,5
Rohes Rüböl.	0,910	4,30	0,00286	21,7

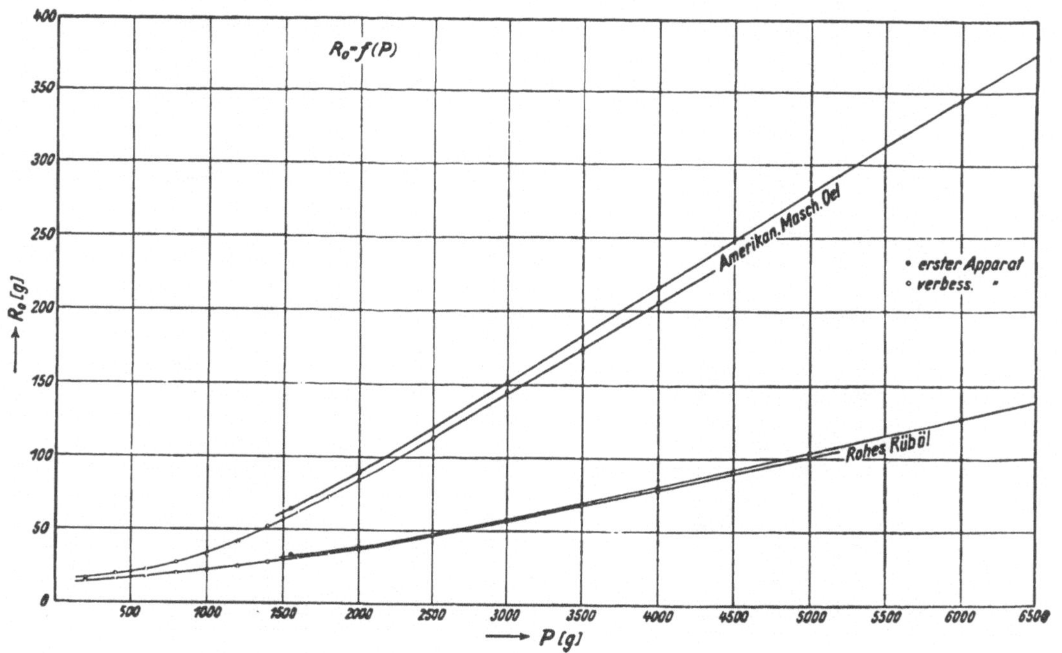

Abb. 7.

Die in Abb. 7 gegenübergestellten Reibungskurven ergeben zufriedenstellende Übereinstimmung. Man kann dabei feststellen, daß die Kurven bei kleiner werdenden Drücken jeweils flacher
werden und bei kleinstem Anpreßdruck fast keinen Unterschied mehr aufweisen. Die Ursache
dieser Erscheinung liegt darin, daß die zwischen den gleitenden Teilen bestehende Flüssigkeits-
schicht, die bei höheren Drücken so dünn wird, daß zur Flüssigkeitsreibung stellenweise metallische
Reibung hinzutritt, bei den kleinen Drücken nicht mehr durchbrochen wird, d. h. daß die halb-
flüssige Reibung in flüssige Reibung übergeht.

Zu dem früheren Bericht[1]) möge noch folgendes nachgetragen werden:

Damals war bei einigen zusätzlichen Versuchen mit geänderten Drehzahlen eine Abweichung
der Reibungsanzeige beobachtet worden. Bei diesen wenigen Versuchen war aber für die Rollen
an Stelle des sonst ungehärteten Stahles gehärteter Stahl verwendet worden. Dem Wechsel des
Baustoffes wurde damals keine Bedeutung beigemessen, während jetzt klar geworden ist, daß er
einen merklichen Einfluß gehabt haben muß und wohl zusammen mit den damals schon erwähnten
anderen Umständen die Abweichungen verursacht hat.

---

[1]) R. Voitländer, a. a. O.

Hydrometrische Flügel bei schräger Anströmung.

Vorläufige Mitteilung von **Fritz Anlauft**.

Bei Wassermessungen mit hydrometrischen Flügeln ist der Idealfall selten auch nur annähernd erfüllt, daß die Geschwindigkeit an allen Stellen des Meßquerschnittes zeitlich unveränderlich und senkrecht zum Meßquerschnitt gerichtet ist. Die Schwankungen der Größe der Geschwindigkeiten sind unschädlich, weil die Flügeldrehzahlen innerhalb des praktisch in Frage kommenden Bereiches genügend genau proportional der Wassergeschwindigkeit sind (wie die Versuche zeigten, auch bei schräger Anströmung), so daß bei Erstreckung der Beobachtung über eine nicht zu kurze Dauer eine selbsttätige Integration stattfindet.

Ungünstiger liegen die Verhältnisse hinsichtlich der Richtungsabweichungen. Für die Ermittlung der Durchflußmenge braucht man die zum Meßquerschnitt senkrechte, in die Flügelachse fallende Komponente der Wassergeschwindigkeit. Wenn die Strömung zeitlich gleichbleibend ist, kann man durch Messung des Anströmwinkels (= Winkel zwischen Anströmrichtung und Flügelachse) eine Korrektur einführen, wenn das Verhalten des Flügels bei verschiedenen Anströmwinkeln durch Versuche ermittelt worden ist. Wenn aber, wie es bei praktischen Messungen fast immer der Fall ist, die Anströmrichtung infolge der Turbulenz der Strömung zeitlich unregelmäßig wechselt, wird ein fehlerfreies Ergebnis nur dann erreicht, wenn die Flügeldrehzahl stets der in die Flügelachse fallenden Komponente der Wassergeschwindigkeit proportional ist, also von den dazu senkrechten Komponenten nicht beeinflußt wird.

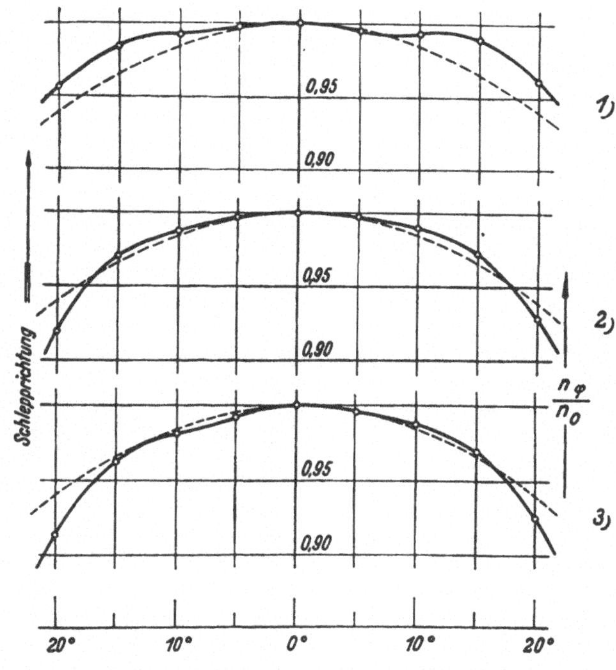

Die zugehörige cos-linie ist jeweils gestrichelt beigezeichnet.

Um Flügel in dieser Hinsicht zu prüfen wurden sie unter verschiedenen Winkelstellungen mit dem Meßwagen des hydraulischen Institutes geprüft; die Untersuchung erfolgte in einem Geschwindigkeitsbereich, bei dem die Flügeldrehzahlen genügend genau den Anströmgeschwindigkeiten proportional sind (ca. 1 m/sk). Wenn die Forderung, daß die Seitenkomponenten der Anströmgeschwindigkeiten ohne Einfluß sein sollen, erfüllt ist, müßte die auf gleichbleibende Wagengeschwindigkeit umgerechnete Flügeldrehzahl sich wie der Cosinus des Anströmwinkels ändern.

In der Abbildung ist $\dfrac{n\varphi}{n_o}$ über dem Anströmwinkel φ aufgetragen, wobei $n\varphi = $ Flügeldrehzahl beim Anströmwinkel φ und $n_o = $ Flügeldrehzahl bei gerader Anströmung ist (beides bei 1 m/sk Fahrgeschwindigkeit). Die Kurven 1 bis 3 beziehen sich auf den Schutzringflügel Typ IXc von A. Ott, Kempten. Kurve 1 zeigt das Verhalten des normalen Schutzringflügels. Bei den durch Kurve 2 dargestellten Versuchen war der Schutzring parallel zur Normallage nach der Flügelstange hin verschoben, bei den durch Kurve 3 dargestellten Versuchen war der Schutzring wieder in der Normallage, jedoch war das Profil des Schutzringes geändert worden. Die leichte Unsymmetrie der Kurven ist durch das einseitig angeordnete Kontaktwerk und durch kleine Ungenauigkeiten in der Ausführung des Flügelgestelles verursacht.

Es ist also gelungen, durch verhältnismäßig geringe Abänderungen der ursprünglichen Form eine bedeutende Verbesserung des Flügels zu erreichen.

Vorgänge beim Ausfallen des Antriebes von Kreiselpumpen.

Vorläufige Mitteilung von **D. Thoma.**

Bei Pumpwerken treten nach einem plötzlichen Versagen des Pumpenantriebes nicht selten harte Stöße in der Druckleitung auf. Wenn eine Rückschlagklappe in die Leitung eingeschaltet ist, wird als Ursache meistens ein verspätetes Schließen der Klappe angesehen — nicht immer mit Recht, denn auch beim Fehlen einer Klappe können nach einem plötzlichen Versagen des Antriebs Wasserstöße auftreten, die durch das Verhalten der Pumpe selbst verursacht sind.

Wenn die Anlaufzeit der Leitung $\left(= \dfrac{L \cdot v}{g \cdot H}\right.$, wobei $L =$ Länge der Leitung, $v =$ Wassergeschwindigkeit, $H =$ Förderhöhe) groß ist im Vergleich zu der Anlaufzeit der Pumpe $\left(= \dfrac{J \cdot \omega}{M}\right.$, wobei $J =$ Trägheitsmoment des Pumpenlaufrades und der mit ihm gekuppelten Teile, $\omega =$ Winkelgeschwindigkeit, $M =$ Drehmoment der Pumpe), dann nimmt nach dem plötzlichen Ausfallen des Antriebes die Umlaufzahl der Pumpe viel schneller ab als die Wassermenge: die lange Wassersäule in der Druckrohrleitung wird durch ihre Trägheit vorgetrieben und die zu langsam umlaufende Pumpe hört nicht nur auf in der Förderrichtung zu drücken, sondern setzt dem Durchfluß sogar einen Widerstand entgegen, sie hat vorübergehend eine negative Förderhöhe. Der Unterdruck im „Druckrohr" der Pumpe kann so groß werden, daß die Wassersäule dort unter Hohlraumbildung abreißt. Bei dem alsbald eintretenden Zurückströmen der Wassersäule entsteht dann ein harter Stoß.

Um die Größe dieser Wirkungen beim Entwerfen und bei der Nachprüfung von Anlagen rechnerisch zu beurteilen, darf man davon ausgehen, daß die Strömungsform in der Pumpe nur von dem Wert des Verhältnisses $\dfrac{\text{Wassermenge}}{\text{Drehzahl}} = \dfrac{Q}{n}$ abhängt; man vernachlässigt damit die nicht erhebliche Veränderung des Reibungseinflusses, die bei gleichmäßiger Änderung von Q und n $\left(\text{bei gleichbleibendem} \dfrac{Q}{n}\right)$ eintritt und setzt Abwesenheit von Kavitationswirkungen in der Pumpe voraus. Unter diesen Voraussetzungen hängen, wie bekannt, für eine gegebene Pumpe die Werte $\dfrac{H}{n^2}$, $\dfrac{N}{n^3}$ und η nur von $\dfrac{Q}{n}$ ab. ($H =$ Förderhöhe, $N =$ Antriebsleistung, $\eta =$ Wirkungsgrad.)

Der Betriebszustand der Pumpe in der ersten Zeit nach dem Versagen des Antriebes ist durch Werte $\dfrac{Q}{n}$ gekennzeichnet, die ein Vielfaches des Normalwertes $\dfrac{Q_{\text{norm}}}{n_{\text{norm}}}$ sind. Die hydraulischen Verhältnisse lassen sich deswegen nicht mehr auf Grund der gebräuchlichen, für gleichbleibendes n aufgestellten Q-H-Charakteristiken beurteilen, denn diese sind, soweit dem Verfasser bekannt ist, bisher nicht weiter als bis herab zu $H = 0$ ausgemessen worden, was einer Steigerung des Wertes $\dfrac{Q}{n}$ auf nur ungefähr das anderthalbfache des Normalwertes entspricht. Deswegen wurde eine neue Untersuchung notwendig, bei der im Institut bereits vorhandene Einrichtungen und insbesondere auch eine vorhandene, hydraulisch nicht sehr gute Pumpe verwendet wurden und bei denen nur eine annähernde Ermittelung derjenigen Eigenschaften erstrebt wurde, die man von einer Kreiselpumpe bei stark abnormalen Bedingungen erwarten darf.

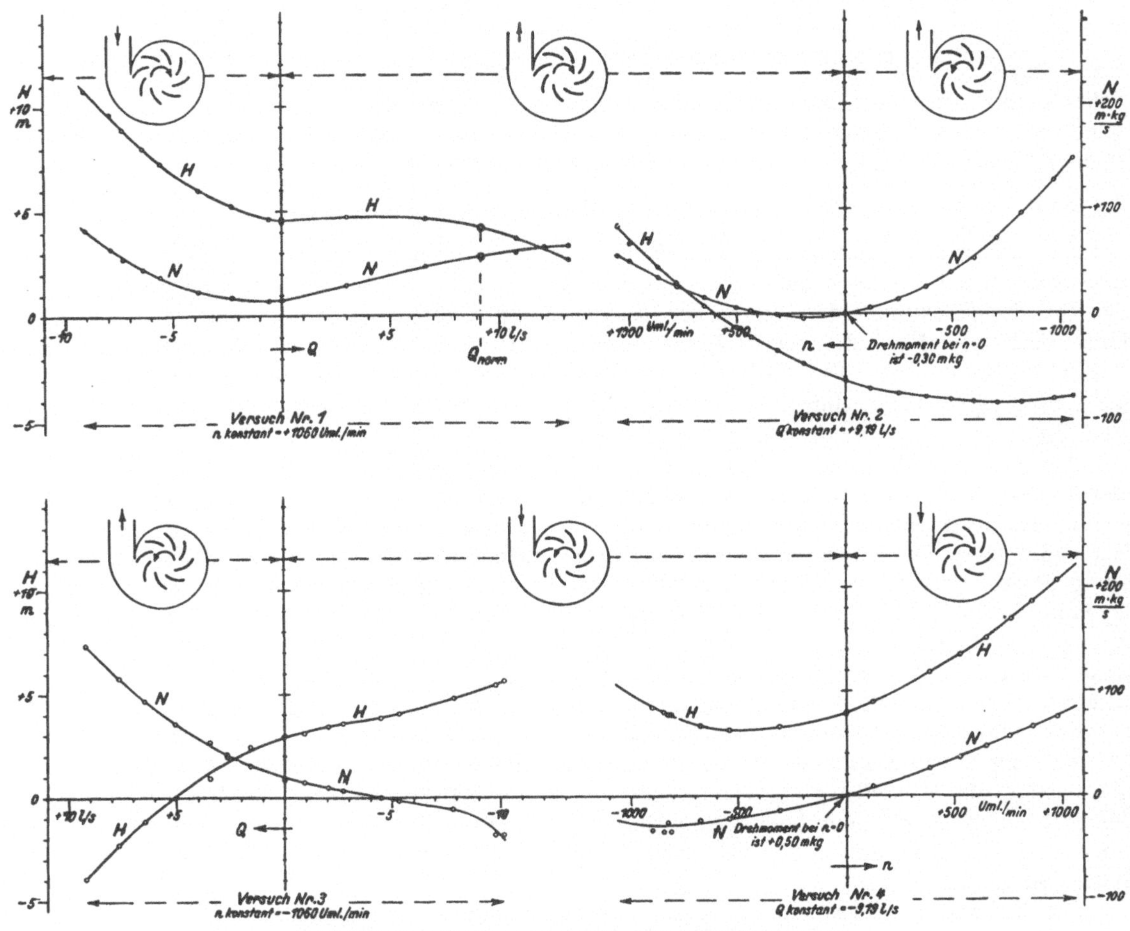

Verhalten einer Kreiselpumpe unter abnormalen Bedingungen.

Derartige Versuche können nicht so angestellt werden, daß die gewöhnliche Q-H-Charakteristik über $H = 0$ hinaus unter Konstanthaltung der Drehzahl weiter ausgemessen wird. Denn um $\frac{Q}{n}$ genügend zu erhöhen, müßte die Wassermenge übermäßig gesteigert werden, und es würden sich übermäßig große (negative) Förderhöhen ergeben. Die Pumpe muß deswegen unter Konstanthaltung von Q mit abnehmender Drehzahl untersucht werden, wobei man mit der Drehzahl bis Null herabgehen kann ($\frac{Q}{n} = \infty$). Indem man dann weiterhin die Drehzahl negativ werden läßt (Rücklauf der Pumpe), erhält man einen stetigen Übergang zu einem anderen abnormalen Betriebsbereich. Um alle überhaupt möglichen Betriebszustände der Pumpe zu erschöpfen, hat man dieses Vorgehen sinngemäß fortzusetzen. Wenn man den Rücklauf der Pumpe durch ein negatives Vorzeichen von n, die Rückströmung des Wassers durch ein negatives Vorzeichen von Q kennzeichnet, ergibt sich folgendes Programm für die Versuche, bei denen außer Q und n jeweils die Leistung N zu messen ist.

Nr.	Gleichgehalten wird	Verändert wird
1)	$n = +n_{norm}$	Q von $-Q_{norm}$ bis $+Q_{norm}$
2)	$Q = +Q_{norm}$	n von $+n_{norm}$ bis $-n_{norm}$
3)	$n = -n_{norm}$	Q von $+Q_{norm}$ bis $-Q_{norm}$
4)	$Q = -Q_{norm}$	n von $-n_{norm}$ bis $+n_{norm}$

Aus der Auftragung der Versuchsergebnisse können dann für jeden Wert von $\dfrac{Q}{n}$ die Werte von $\dfrac{H}{n^2}$, $\dfrac{N}{n^3}$ und η entnommen werden, so daß die hydraulischen Eigenschaften der Pumpe bei beliebig gegebenen äußeren Bedingungen zahlenmäßig angegeben werden können. (In formaler Hinsicht ist noch zu bemerken, daß auf die Vorzeichen von Q und n einzeln zu achten ist, da beispielsweise der Zustand bei Rücklauf und Rückströmung hydraulisch nicht gleichwertig mit dem Zustande bei normaler Dreh- und Strömungsrichtung bei gleichem $\dfrac{Q}{n}$ ist.)

Alle abnormalen Betriebszustände der Pumpe können bei plötzlichen Störungen von Pumpwerksbetrieben tatsächlich vorkommen. Außer dem eingangs erwähnten Fall ist besonders noch der Fall des Rücklaufes der Pumpe bei Rückströmung wichtig, bei dem die Pumpe als Turbine läuft (fällt unter Nr. 3 der obigen Zusammenstellung): die höchste Rücklaufdrehzahl, welche die Pumpe bei Abwesenheit von Rückschlagklappen erreicht und deren Kenntnis für die Beurteilung der Zentrifugalbeanspruchung der Rotoren der Antriebsmotoren erwünscht ist, hängt von dem Verhalten der Pumpe in diesem Bereich ab.

Mit der Durchführung der Versuche, deren Ergebnisse in der Abbildung dargestellt sind, wurde Herr C. P. Kittredge S. B. betraut. Die Pumpe war mit einem Gleichstrommotor direkt gekuppelt; der Motoranker konnte unter Zwischenschaltung eines Regulierwiderstandes an das Netz angeschlossen werden; bei den Betriebszuständen, bei denen die Pumpe mechanische Leistung abgab, wurde der Regulierwiderstand als Belastungswiderstand für den fremderregt als Dynamo laufenden Motor benutzt. Die der Pumpenwelle zugeführte bzw. von ihr abgegebene mechanische Leistung wurde aus der dem Motoranker zugeführten bzw. von ihm abgegebenen elektrischen Leistung unter Berücksichtigung der elektrischen und mechanischen Verluste bestimmt. Die Genauigkeit dieser Bestimmung war trotz aller vom Beobachter aufgewendeten Sorgfalt nicht ganz befriedigend, im Hinblick auf den Zweck der Versuche aber doch hinreichend. Die Messung von Drehzahl, Wassermenge und Förderhöhe bot keine Besonderheiten. Die Druckleitung und die Saugleitung der Pumpe konnten durch Schieber beliebig mit dem Hochbehälter des Instituts oder mit dem Ablauf zum Meßüberfall verbunden werden, so daß man der Pumpe einen nach Richtung und Größe beliebigen Durchfluß aufzwingen und den Durchfluß stetig verändern konnte.

Die Normaldrehzahl wurde mit $n_{\text{norm}} = 1060$ Uml./min verhältnismäßig niedrig angesetzt, um Kavitationen in der Pumpe zu vermeiden. Der rechte Teil der Auftragung von Versuch Nr. 1 gibt für diese Drehzahl die gewöhnliche Q-H-Charakteristik der Pumpe und die Leistungslinie an. Wirkungsgradlinien sind in die Abbildung nicht eingezeichnet, doch läßt sich der Wirkungsgrad natürlich für jeden Betriebszustand aus Q, H und N leicht ausrechnen. Der beste Wirkungsgrad tritt ungefähr bei $Q = 9$ l/s ein und beträgt 69%. Als normale Wassermenge im Sinne des Versuchsprogramms wurde $Q_{\text{norm}} = 9,15$ l/s gewählt, wobei $H = 4,21$ m, $N = 56,4$ mkg/s und $\eta = 0,687$ ist.

Die Pumpe ist also, wie erwähnt, in hydraulischer Hinsicht nicht besonders gut. Dies äußert sich auch in der Durchgangsdrehzahl bei Rücklauf, die aus der Auftragung von Versuch Nr. 3 entnommen werden kann. Hier wird bei $Q = -4,55$ l/s $N = 0$, dabei ist $H = 3,94$ m. Dies besagt, daß 1060 Uml./min die Durchgangsdrehzahl bei $H = 3,94$ m ist. Bei Vergrößerung von H auf den Normalwert 4,21 m würde deswegen die Durchgangsdrehzahl $1060\sqrt{\dfrac{4,21}{3,94}} = 1096$ sein.

Bei hydraulisch guten Pumpen ist bei Rücklauf unter einer Fallhöhe gleich der normalen Förderhöhe das Verhältnis Durchgangsdrehzahl : Normaldrehzahl erheblich höher als hier.

Trotz dieser Einschränkungen geben die Versuche von Kittredge eine willkommene Unterlage für die Beurteilung der verwickelten und unter Umständen gefährlichen Erscheinungen beim plötzlichen Ausfallen des Antriebes von Kreiselpumpen. Versuche an einer in hydraulischer Hinsicht sehr guten Pumpe werden zur Zeit vorbereitet. Über die Ergebnisse soll später berichtet werden.

Printed and bound by CPI Group (UK) Ltd, Croydon, CR0 4YY

06/07/2026

02160007-0002